JN168497

震　災　工　学

―被害想定・リスクマネジメントからみた地震災害―

工学博士　矢代　晴実　編著

博士(工学)　佐藤　一郎
博士(工学)　鳥澤　一晃　共著

コロナ社

まえがき

日本は，太平洋プレート，フィリピン海プレート，北米プレートという三つのプレートが集中する地域に位置しているため，地震が起こりやすい地域であり，これまでも多くの地震の被害を受けてきた。政府，自治体などは，今後の発生が予測される地震に対して地域防災計画の見直しや地域地震防災戦略の策定などにより，「地震への備え」を行っている。

地震への備えは，地震による被害を明らかにすることから始める必要があり，地震被害を明らかにする基礎資料は地震被害想定になる。

地震被害想定は，対象地域に甚大な被害をもたらす可能性のある地震を洗い出し，その地震による被害を予測することである。この予測は，地震学，地震工学，災害社会学などの最新の知見を取り入れ，地域の自然的条件，都市環境などの社会的条件および産業構造の特性なども加味して，地域に影響を及ぼす地震による地震動の大きさや構造物の損壊，火災の発生などの物的被害，そこから発生する人的被害，経済被害を定量的または定性的に予測することになる。

具体的には，想定地震の決定は，東日本大震災から得られた教訓として，発生頻度はきわめて低いが発生すれば甚大な被害をもたらす，あらゆる可能性を考慮した最大クラスの地震・津波を想定の対象とすることが一般的になっている。そして想定地震が発生した場合の被害予測は，過去の地震被害のデータに基づいた，被害項目ごとに被害の原因と結果の関係を分析した被害推計式により行う。被害予測は，まず想定地震による地盤の揺れとそれに伴う液状化を予測する。つぎに，揺れによる被害と液状化などによる被害として，建物被害，火災被害，ライフライン被害，交通被害などを予測する。さらに，建物被害，火災被害，交通被害などから死傷者数などを予測し，建物被害，上水道被害，および交通被害などからは避難者数や帰宅困難者数を予測する。

この被害想定手法の詳細を理解することにより，被害想定の数値をうのみにするのでなく，被害想定の前提や条件を知り，予測された数値の精度や意味することの本質を知ることができる。また，被害想定は，過去の地震被害データの蓄積や研究成果から一つ一つの被害項目の発生プロセスを構築して予測しているため，想定手法を知ることにより，一つ一つの被害項目の被害発生メカニズムを理解することができる。

被害想定により出された被害予測数値に対して，自治体や事業体は防災・減災の観点から対応策を計画・実施する必要がある。

被害想定による予測数値は，建物被害のように地震直後に発生するもの，地震火災のように延焼拡大により数日後に顕著になるもの，避難者などの社会的被害のように地震発生直後というより2～3日後以降から顕著になるものなど，被害項目により被害が大きくなる経過時刻が異なる。しかし被害想定の予測数値では時刻の経過は明確ではない。

また，地震被害想定では，想定されている地震は発生頻度はきわめて低いが，発生すれば甚大な被害をもたらす最大クラスの地震・津波を想定の対象とすることが一般的である。しかし，まれにしか発生しない地震への対策に用意できる予算には限りがあり，最も効果のある対策に予算を投入することが必要になってくる。

防災・減災対策を計画・実施する際には，地震発生から時間経過ごとの被害の状況を，被害想定を基に地震発生からの被害様相を作成して考える必要がある。また，防災・減災対策への優先順位や費用対効果を考える場合は，地震により発生すると想定される地震被害を総合的に判断し，確率的な考え方を用いて被害規模を地震リスクとしてコストに置き換えて予測し，地震リスクに対する支配的な要因を抽出し，その被害要因に対する被害低減策の効果を投資と地震リスクの低減に置き換えて評価する，地震リスクマネジメント手法が必要になってくる。

本書では，1章として地震被害想定の目的と，地震災害の全体像と被害想定の概要について述べている。つぎに地震被害項目別の概要とその被害想定手法に関して，2章では想定地震と，それによる建物被害や地震火災による物的被害，人的被害，および津波被害を，3章では社会的被害について述べている。4章は，被害想定予測を基に，時間経過ごとの都市での地震被害に関する様相を述べている。そして，5章で地震災害対策の手法の一つである地震リスクマネジメントについて，リスクの考え方の基本から述べている。

以上の内容により，地震の被害概要と被害想定手法を知ることにより地震被害発生メカニズムを理解し，そして地震リスクマネジメントの内容を理解することを目的としている。

本書が，地震災害に対する防災・減災対策のための理解の第一歩になれば幸いである。

本書発行直前の平成28年4月14日以降の一連の地震により，熊本県・大分県においては，甚大な被害が及び，多くの尊い命が失われました。犠牲になられた方々に謹んで哀悼の意を表するとともに，被災されたすべての方に心からのお見舞いを申し上げます。また，一刻も早く，復旧・復興がなされますようにお祈り申し上げます。

2016年5月

矢代　晴実

カバーデザイン
写真出典：地震調査研究推進本部
　　　　　ホームページ
提 供 元：阿部勝征氏，岩手県山田町

目　　　次

1．序　　　論

2．人的・物的被害と被害想定

3.　社会的被害と被害想定

4.　都市の地震被害様相

5.　地震リスクマネジメント

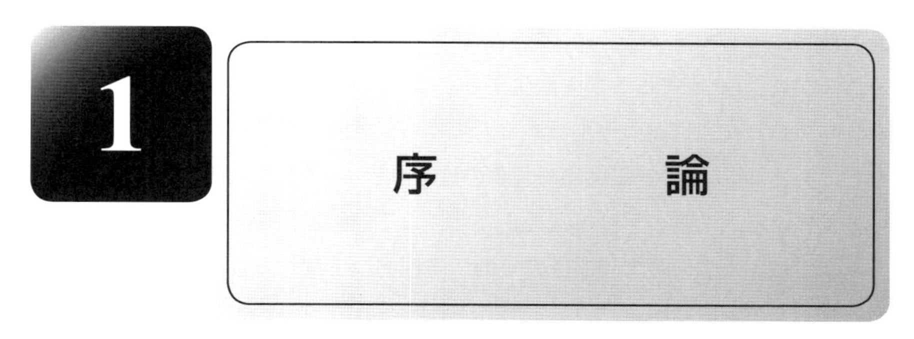

1　序　　論

日本は多くの地震被害を受けた経験があり，地震による多様な被害を受けてきた。

地震が陸域で発生した場合は，震源近くで地盤は変位の食違いが発生して地表に大きな段差を残すことがあり，海域で発生した場合は，津波が発生することがある。そして，震源を中心に広く強い地震動（強震動）を発生させる。その強震動により地盤の液状化が発生したり，建物・構造物・都市施設が被害を受け，住民生活や社会に直接・間接の被害や影響を与える。直接被害は，強震動,強震動によるがけ崩れや地盤の液状化による建物被害,ライフライン被害と

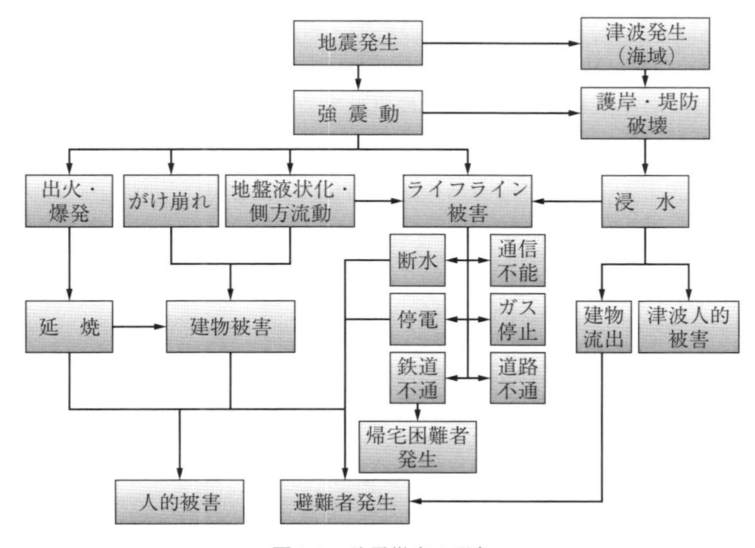

図 1.1　地震災害の現象

人的被害，そして津波発生による浸水による建物流出・津波人的被害などである。間接被害は，直接被害から派生する避難者の発生，帰宅困難者の発生や企業活動の停止，交通機関の停止による人・物の移動流通停止などによる経済被害などである。**図 1.1** に地震災害の現象の流れを示す。企業活動の停止，交通機関の停止による人・物の移動流通停止などによる経済被害を除いたものである。

本章では，地震の被害現象を定量的・定性的に予測した被害想定に関して，その目的と役割を述べる。

1.1　地震被害想定の目的

地震被害想定は，先に示した地震災害の現象に沿って，被害予測をするものである。

被害想定では，前提条件としてある特定の地震を想定し，その地震が発生した場合に自治体などでの震度分布がどのようになるのかを把握し，その際の人的被害としての死傷者数や物的被害としての建物の倒壊棟数，火災やがけ崩れの発生状況，津波高（つなみだか）や津波被害などを予測するものである。

そして被害想定は，単に人的・物的被害などの定量的・定性的な予測をするだけでなく，防災・減災対策の検討に生かすことを目的として，それぞれの被害が発生した場合の被災地の状況について，時間経過を踏まえ，相互に関連して発生しうる事象について，対策実施の困難性も含めてより現実的に予測するものである。

予測結果は，地震の被害を低減するために事前にどの地域でどのような対策を行う必要があるのか，また，地震発生時の応急対策活動としてどのようなことが必要になるのか，などの地震対策を検討する際の基礎資料として活用される。

また，被害想定は，数年に一度見直しが行われる。それは自治体などの人口や年齢構成，建物の構造分布や建物年代，道路・上水道などのインフラ整備などの状況が変化しているため，新たなデータに基づき被害想定を実施する必要があるからである。さらに，東日本大震災のような災害が発生するとその経験を踏まえ，起こりうる被害をより広くとらえ，被害を定量的に示すことが困難なものについても定性的な被害シナリオを示すことにより，防災対策を立案する上での基礎資料とする必要がある。

以上のことから，被害想定の目的は以下のとおりである。

① 地震学および地震工学などの最新の知見や技術を用い，自治体などの自然的条件やデータを用いて社会的条件の特性を加味して，地域に影響を与える地震による地震動の大きさや人的・物的，経済被害などの予測を行う。

② 地震に対する自治体などの脆弱（ぜいじゃく）性を評価することにより，地域防災計画や地震防災諸施策の検討の基礎資料とする。

③ 地震による被害の軽減目標と，その目標を達成するために有効な対策を明確にした地震防災戦略などの見直しを行うための基礎資料とする。

1.2　地震被害想定の概要

地震被害想定の実施は，前提条件として自治体などに被害を及ぼす地震を想定する。そして，その地震による地震動を受ける自治体などに関して，自然条件（震源断層，地質・地下調査，地下水位，地形，ボーリングデータ，土質データ，地形の標高・急斜面など）や，社会条件（人口，建物データ，ライフラインデータ，交通施設データ，重要施設データ，消防力　など），災害対応力（地域防災計画，団員や機材などの自治体などの防災資源，近隣自治体からの応援体制　など）に関する調査を実施する。

つぎに想定地震と自然条件により地震動・液状化，斜面崩壊といった自然条件における地震災害の予測を行う。この結果と社会条件の調査の結果より地震被害想定の予測を行う。地震被害想定を実施する際の主な調査項目と調査の流れを**図 1.2** に示す[1)†]。また，実施される予測項目について**表 1.1** に示す。

† 肩付番号は，章末の引用・参考文献の番号を表す。2 章以降も同様である。

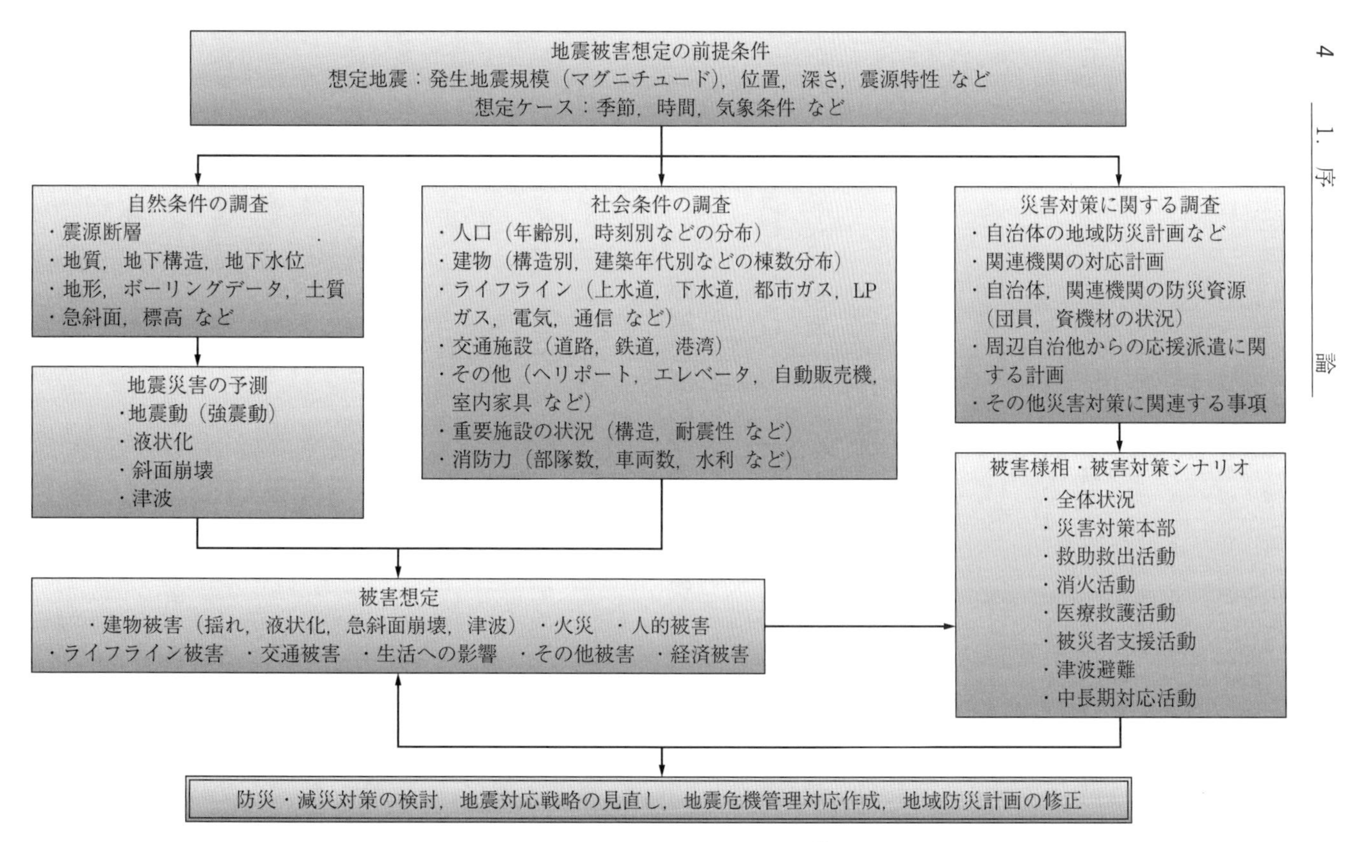

図1.2 地震被害想定の調査の流れ[1]

表 1.1　地震被害想定予測項目

強震動	計測震度
	最大加速度
	最大速度
	SI 値
	液状化危険度
	急傾斜地崩壊
	宅地造成地崩壊
	津波
	長周期地震動
屋外転倒，落下物	ブロック塀転倒
	自動販売機転倒
	屋外落下物の発生
建物被害	揺れによる建物被害
	液状化による建物被害
	急傾斜地崩壊による建物被害
	津波による建物被害
火災	出火件数
	焼失棟数
人的被害	建物被害による死傷者
	急傾斜地崩壊による死傷者
	ブロック塀などの倒壊による死傷者
	自動販売機転倒による死傷者
	屋内収容物の移動・転倒による死傷者
	屋外落下物による死傷者
	火災による死傷者
	津波による死傷者
	自力脱出困難者数（要救出者数）
	津波による要救助者，要捜索者
交通被害	道路被害（高速道路，一般道路）
	鉄道被害
	港湾被害
ライフライン被害	上水道被害
	下水道被害
	都市ガス被害
	LP ガスボンベ被害
	電力被害
	通信被害
	インターネット被害
生活への影響	避難者数
	要援護者数
	帰宅困難者数
	物資
	医療機能
	保健衛生，防疫，遺体処理など
その他	エレベータ停止による閉込め
	長周期による高層ビルへの影響
	道路閉塞
	危険物，コンビナート被害
	地下街，ターミナル駅被害
	文化財被害
	大規模集客施設被害
	鉄道，自動車被害
	河川堤防，ため池被害
	災害廃棄物
	ヘリポート機能支障
	複合被害
	治安
	社会中枢機能への影響
	震災関連死
	重要施設の被害想定
経済被害	資産などの被害
	生産，サービス低下による影響
	交通寸断による影響

被害想定予測の結果と災害対応に関する調査結果より，地震による自治体などの被害様相や地震対策シナリオを作成する。被害様相や地震対策シナリオは，定量的または定性的に想定する被害について，地震発生から時間経過とともに変化する被害様相と応急対策のシナリオを作成することで，地震による被害の全体像を把握し，自治体などの地震に対する脆弱性や課題を明らかにするためである。この脆弱性や課題は，地震防災・減災戦略の見直しや地域防災計画の修正などを行う際の基礎資料となる。

コーヒーブレイク

東京都地震危険度調査

東京都は，地震被害想定とは別に地震に対する「地域危険度」を公表している。地域危険度は，町丁目ごとに地震の揺れによって建物が壊れたり傾いたりする危険性の度合いを測定した「建物倒壊危険度」と，地震の揺れで発生した火災が，延焼により広い地域で被害を出す出火の危険性と延焼の危険性を基にした「火災危険度」を，測定する。つぎに，町丁目ごとに建物倒壊危険度と火災危険度を合算し，「総合危険度」測定する。この町丁目の総合危険度は，地震の揺れ

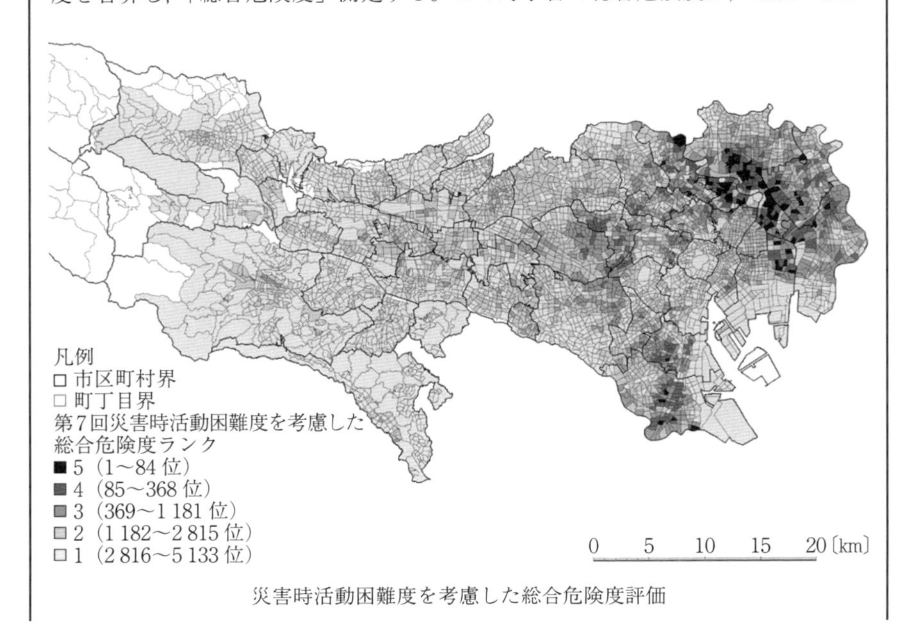

災害時活動困難度を考慮した総合危険度評価

による被害や火災被害の大きさを知るという視点から，防災都市づくりの指標となり，住民が日ごろから地震に備える際に活用することを目的としている。

さらに，建物倒壊危険度・火災危険度・総合危険度を，災害時活動困難度を踏まえて測定し直すことにより，災害時の活動しやすさを加味した地域の危険度を測定している。地震による建物倒壊や火災発生により，危険地域からの避難や消火・救助活動の困難さが，その後の被害を大きくすることから，この活動の困難さを地域の道路網の稠密（ちゅうみつ）さや幅員（ふくいん）が広い道路の多さなどの道路基盤の整備状況から測定した指標が，「災害時活動困難度」である。

この災害時活動困難度を踏まえて，建物倒壊危険度・火災危険度・総合危険度を測定し直すことにより，災害時の活動しやすさを加味した地域の危険度を評価する。これが，「災害時活動困難度を考慮した建物倒壊危険度」と「災害時活動困難度を考慮した火災危険度」となる。

最後に，町丁目ごとの，「災害時活動困難度を考慮した建物倒壊危険度」と「災害時活動困難度を考慮した火災危険度」より，その数値に基づき順位づけした「災害時活動困難度を考慮した総合危険度」を測定する。

地域危険度はそれぞれの危険度について，町丁目ごとの危険性の度合いを五つのランクに分けて，相対的に評価している。

この地域危険度により，災害時活動困難度を考慮した総合危険度の高い地域は，建物の建替えによる耐震性の向上や不燃化を推進し，道路，公園などの整備を進める必要があるといった，周辺町丁目も含めたさまざまな震災対策を総合的に進めて災害に強い街をつくる必要がある。

引用・参考文献

1)　神奈川県　地震被害想定調査報告書（平成 27 年 3 月）に加筆
http://www.pref.kanagawa.jp/uploaded/attachment/768605.pdf †

† 本書に掲載の URL は，編集当時のものであり，変更される場合がある。

人的・物的被害と被害想定

本章では，被害想定の前提となる地震源の設定の考え方を示し，つぎに地震源による地震動予測および地震動による液状化や斜面崩壊に関する被害予測を説明する。その後，地震による人的・物的被害に関して，事項ごとの被害概要と被害想定手法に関して述べる。この章での被害事項と被害想定は，建物被害，地震火災，人的被害，津波被害についてである。また，被害想定手法には，いくつかの手法があるが，ここで紹介しているものはその代表的なものである。

2.1　地震設定と地震動

2.1.1　想定地震の設定と地震による揺れ

地震被害想定を考える上で，まず「地震」と「地震動」の違いについて理解しておく必要がある。地震とはプレート運動などによって地中に蓄積されたひずみが限界に達して断層が破壊する現象を指し，その断層運動によって地震波が放出される。また地震動とは地震波によって生じる地表や地中の揺れを指し，地点ごとに揺れの大きさを震度などの指標を用いて表す。

地震には，海のプレートが陸のプレートの下に沈み込むことによって，海のプレートと陸のプレートの境界で発生する地震や，海のプレートの内部で発生する地震があり，また陸のプレート内部の浅い部分で発生する地震もある。**図 2.1** に日本列島周辺で発生する地震のタイプの模式図を示す。

地震のタイプによって地震動の特性も異なるため，地震被害想定において，

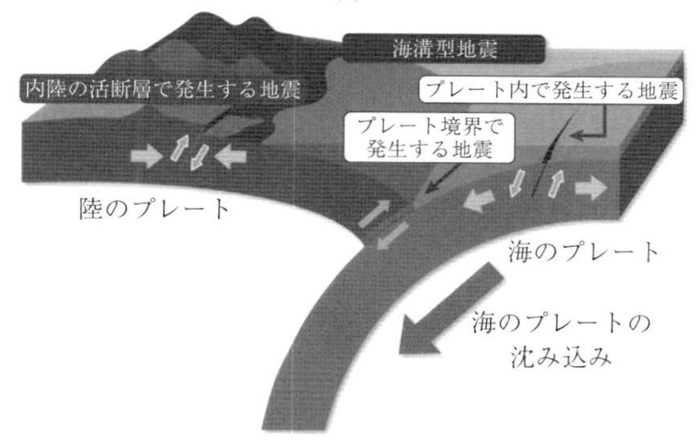

図 2.1 日本列島周辺で発生する地震のタイプの模式図[1)]

どのように地震を想定するかは重要な問題である。

内閣府[2)]は，首都直下地震の被害想定において南関東地域で発生する地震のタイプを整理し，**表 2.1** に示すように検討対象とする地震としてマグニチュード 7 クラスの地震，およびマグニチュード 8 クラスの海溝型地震をそれぞれ設定した。

マグニチュード 7 クラスの地震については，地震発生場所が想定される地震としてプレート境界の地震や活断層による地震などを想定するとともに，地震発生場所の想定が難しく，防災的な観点から都区部および首都地域の中核都市などの直下に発生する地震としてプレート内地震や地殻内の浅い地震を想定し，計 19 の地震を設定した。ここで，防災的な観点とは，都区部直下の地震は首都機能（特に「経済・産業」，「政治・行政」機能）が直接的なダメージを受けることを想定した地震であり，また首都地域の中核都市などの直下の地震は，首都地域の中核都市あるいは首都機能を支える交通網（空港，高速道路，新幹線など），ライフラインおよび臨海部の工業地帯（石油コンビナートなど）の被災により，首都機能がダメージを受けることを想定した地震である。

また，マグニチュード 8 クラスの海溝型地震については，古文書などの震度，津波高，地殻変動などの過去資料を用いて，1923 年大正関東地震，1703 年元禄関東地震，1677 年延宝房総沖地震のそれぞれのタイプの地震を検討す

表 2.1　首都直下地震の被害想定における想定地震[2)]

<table>
<tr><th colspan="2">地震の規模</th><th>想定場所</th><th>地震のタイプ</th></tr>
<tr><td rowspan="17">M7クラスの地震（19地震）</td><td rowspan="12">地震発生場所の想定が難しく，都区部および首都地域の中核都市などの直下に想定する地震</td><td>都心南部直下</td><td rowspan="10">フィリピン海プレート内の地震</td></tr>
<tr><td>都心東部直下</td></tr>
<tr><td>都心西部直下</td></tr>
<tr><td>千葉市直下</td></tr>
<tr><td>市原市直下</td></tr>
<tr><td>立川市直下</td></tr>
<tr><td>川崎市直下</td></tr>
<tr><td>東京湾直下</td></tr>
<tr><td>羽田空港直下</td></tr>
<tr><td>成田空港直下</td></tr>
<tr><td>さいたま市直下</td><td rowspan="2">地殻内の浅い地震</td></tr>
<tr><td>横浜市直下</td></tr>
<tr><td rowspan="7">地震発生場所が想定される地震</td><td>茨城県南部</td><td rowspan="2">フィリピン海プレートと北米プレートの境界の地震</td></tr>
<tr><td>茨城・埼玉県境</td></tr>
<tr><td>関東平野北西縁断層帯</td><td rowspan="4">活断層による地震</td></tr>
<tr><td>立川断層帯</td></tr>
<tr><td>三浦半島断層群主部</td></tr>
<tr><td>伊勢原断層帯</td></tr>
<tr><td>西相模灘</td><td>地殻内の浅い地震</td></tr>
<tr><td colspan="2" rowspan="4">M8クラスの海溝型地震（4地震）</td><td>大正関東地震タイプ</td><td rowspan="2">相模トラフ沿いの海溝型地震</td></tr>
<tr><td>元禄関東地震タイプ</td></tr>
<tr><td>延宝房総沖地震タイプ</td><td>日本海溝沿いの海溝型地震</td></tr>
<tr><td>房総半島南東沖で想定されるタイプ</td><td>相模トラフ沿いの海溝型地震</td></tr>
</table>

るとともに，元禄関東地震の震源断層域の中で大正関東地震の際には破壊されなかった房総半島の南東沖の領域を震源に想定した地震を設定した。

内閣府は，以上の地震について発生履歴と地震発生の可能性を整理し，防災対策の検討対象としてマグニチュード7クラスの地震では，首都機能への影響が大きいと考えられる都区部および中核都市などの直下の地震を設定した。またマグニチュード8クラスの海溝型地震では，当面発生する可能性は低いが，今後百年には発生の可能性が高くなっていると考えられる大正関東地震タイプの地震を，長期的視野に立って向かい打つべき地震として挙げた。

震源により発生した地震が地表の各場所で揺れを発生する。各場所の揺れの大きさの評価は，地震動の指標として，震度，最大加速度，最大速度などが用いられる。また地震動の周期特性と構造物の振動性状の関係を分析するため，加速度応答スペクトル（地表面の加速度波形に対する一質点系の構造物の最大加速度応答値をその固有周期ごとにプロットしたもの）が用いられることもある。

地表での揺れの大きさは地表付近の地盤の状況により大きく異なる。一般に軟弱な地盤ほど揺れやすく，固い地盤ほど揺れにくい。軟弱地盤と岩盤を含む地下構造と各層での地震観測記録の例の模式図を**図 2.2** に示す。このように，軟弱地盤では岩盤に比べて揺れの大きさが数倍に増幅される場合があり，地表付近の揺れを評価する際には表層地盤の揺れやすさを考慮することが重要である。

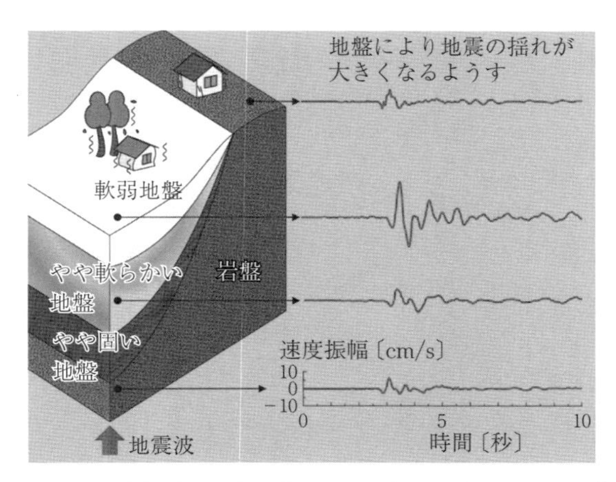

図 2.2 地表付近の地盤の状況による揺れの大きさの違い [1)]

東北地方太平洋沖地震における震度分布 [3)] を**図 2.3** に示す。これは気象庁が震度計で観測された震度を基に，表層地盤の揺れやすさを考慮して 1 km 四方のメッシュで震度を推計し，震度計のない場所も含めて表現したものである。

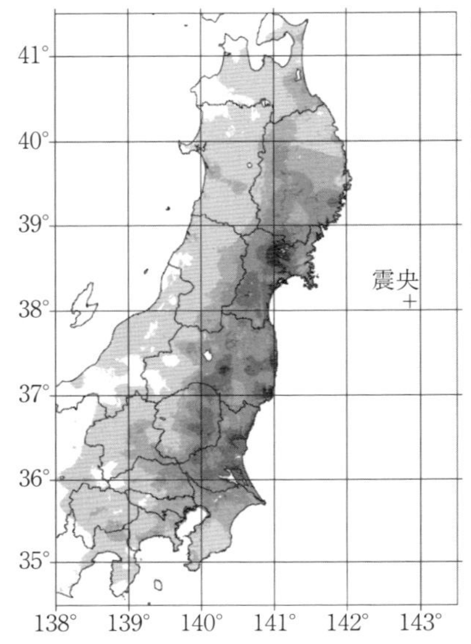

凡例
- 7 震度 7
- 6+ 震度 6 強
- 6- 震度 6 弱
- 5+ 震度 5 強
- 5- 震度 5 弱
- 4 震度 4
- 1 震度 1～3

〈推計震度分布図利用の留意事項〉
地震の際に観測される震度は，ごく近い場所でも地盤の違いなどにより 1 階級程度異なることがある。
また，このほか震度を推計する際にも誤差が含まれるので，推計された震度と実際の震度が 1 階級程度ずれることがある。
このため，個々のメッシュの位置や震度の値ではなく，大きな震度の面的な広がり具合とその形状に着目する。

図 2.3　東北地方太平洋沖地震の推計震度分布 [3)]

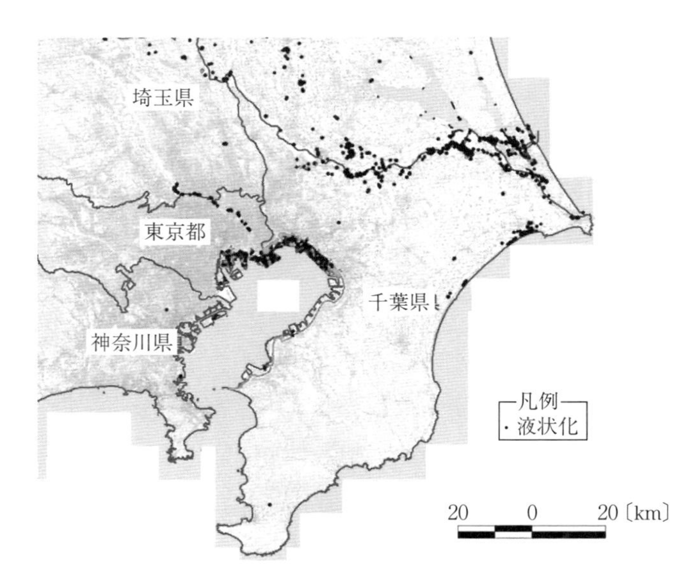

図 2.4　東北地方太平洋沖地震の関東地方における液状化発生が確認された箇所 [4)]

揺れの大きさや地盤によっては，液状化や地盤災害の可能性を考慮する必要がある。

地盤の液状化は，水分を多く含む低地や埋立地などの地盤が揺れによって液状になる現象である。液状化は，地盤の沈下，地中のタンクやマンホールの浮上り，建築物の傾き・転倒などの被害をもたらす。東北地方太平洋沖地震では，千葉県浦安市などの東京湾沿岸部の広い範囲で液状化が発生し，住宅を中心に大きな被害が生じた。**図 2.4** に関東地方における液状化発生が確認された

（a） 谷埋め盛土の滑動に起因

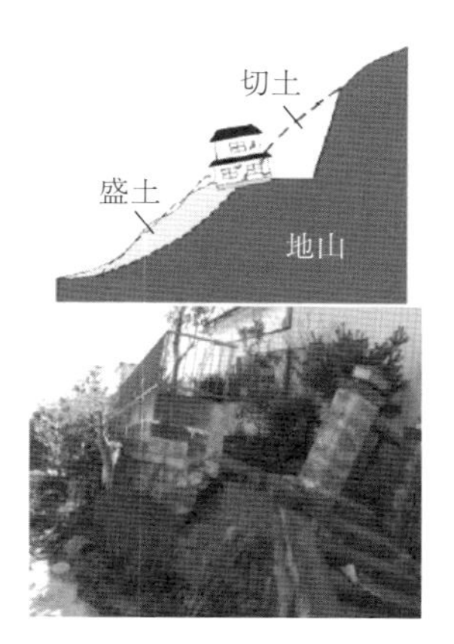

（b） 腹付け盛土の滑動に起因

（c） 切盛境界に起因

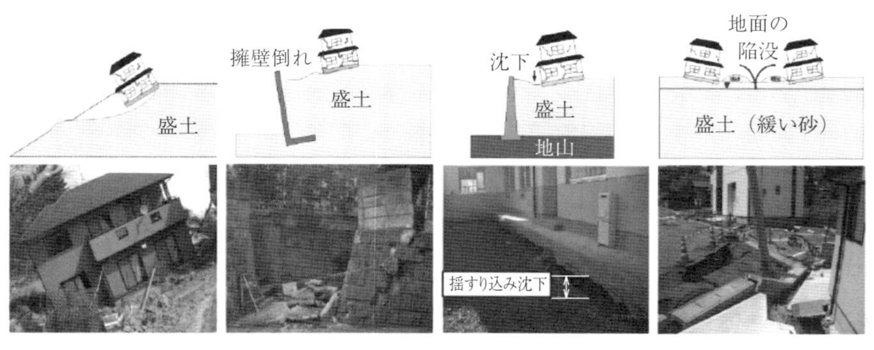

（d） のり面の安定性不足に起因　（e） 擁壁の安定性不足に起因　（f） ゆるい盛土状態に起因　（g） 地盤の液状化に起因

図 2.5 東北地方太平洋沖地震の仙台市における造成宅地の被害要因 [5)]

箇所の分布を示す。

揺れによる地盤災害には，斜面崩壊や造成宅地崩壊被害などが挙げられる。前者は急傾斜地の斜面抵抗力が揺れによって弱まり，急に崩落する現象である。後者は造成宅地の盛土（もりど）部分や盛土と切土（きりど）の境界付近で，盛土の滑動（かつどう）（面上を滑り動くこと）などを起こす現象である。東北地方太平洋沖地震では，宮城県仙台市の宅地造成地盤で被害が多発した。**図 2.5** に仙台市における造成宅地の被害要因を示す。

2.1.2 地震動予測と液状化・地盤災害想定

地震動の予測方法と，その地震動により発生する液状化および斜面崩壊の予測方法を説明する。

〔1〕 **地震動予測** 地震動の予測は，地震被害想定のすべての項目に関係し，地震被害想定の根幹をなす事項である。地震動予測のフローチャートおよびその入力・出力項目を**図 2.6**，**表 2.2** に示す。

この地震動予測は，地震動を震源断層から地表面までの地震動伝播（でんぱ）と考え，一般に工学的基盤面での地震動予測と地表面での地震動予測の 2 段階に分けて

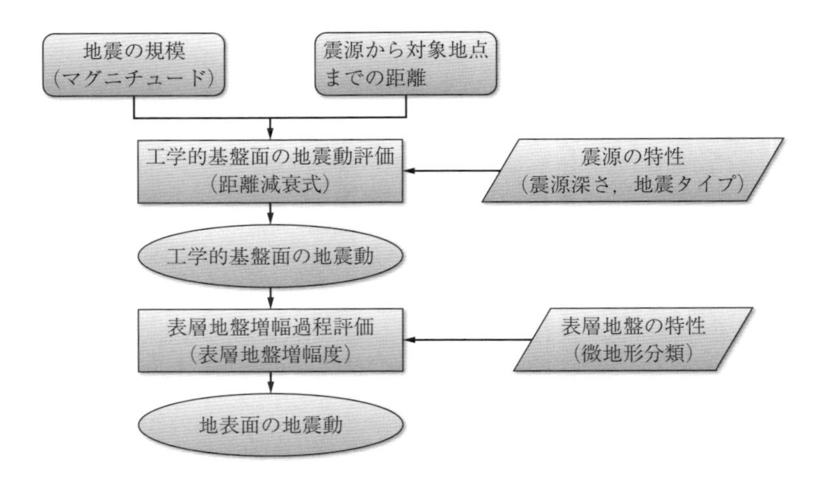

図 2.6 地震動予測のフローチャート

表 2.2　地震動予測の入力・出力項目および設定条件

予測内容	項　目	内　　容
工学的基盤面の地震動	入力変数	地震動の揺れの大きさを定めるパラメータ ・地震の規模（マグニチュード） ・震源から対象地点までの距離
	設定条件	地震動の揺れの特性を補正する条件 ・震源の特性（震源深さ，地震タイプ）
	予測式・手法	距離減衰式
	出力結果	対象地点の工学的基盤面の地震動
地表面の地震動	入力変数	対象地点の工学的基盤面の地震動
	設定条件	表層地盤の揺れやすさを定める条件 ・表層地盤の特性（微地形分類）
	予測式・手法	表層地盤増幅度
	出力結果	対象地点の地表面の地震動

行う。**図 2.7** に地震動伝搬の模式図を示す。

工学的基盤面の地震動予測は，震源断層の動的パラメータを考慮する手法と距離減衰式を用いる手法がある。ここでは，簡便な手法である距離減衰式を用いる手法を説明する。

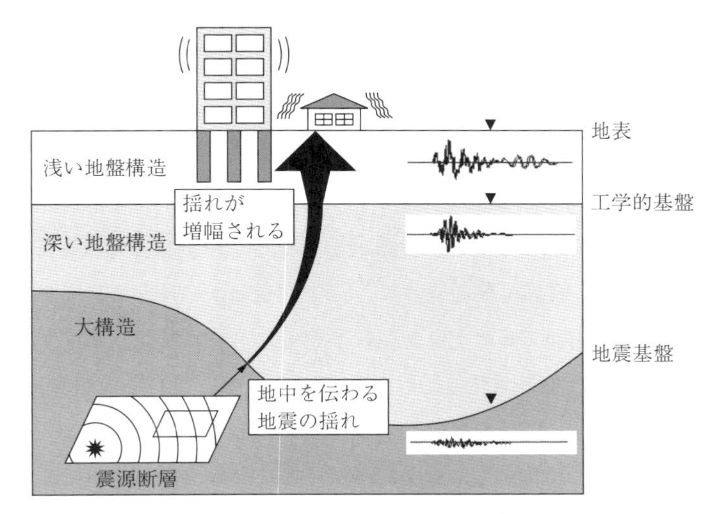

図 2.7　地震動伝搬の模式図[1)]

距離減衰式は，過去の地震観測記録の統計回帰分析に基づいて導かれる経験的な地震動予測式であり，地震の規模を表すマグニチュードと震源から対象地点までの距離の二つの変数のみで工学的基盤面の地震動を予測することが可能である。また，地震動の揺れの特性を補正する条件として，震源の特性を表す震源の深さや地震のタイプを考慮する距離減衰式も提案されている。**図 2.8** に距離減衰式の一例として，最大加速度と最大速度の距離減衰式の例を示す[6)]。

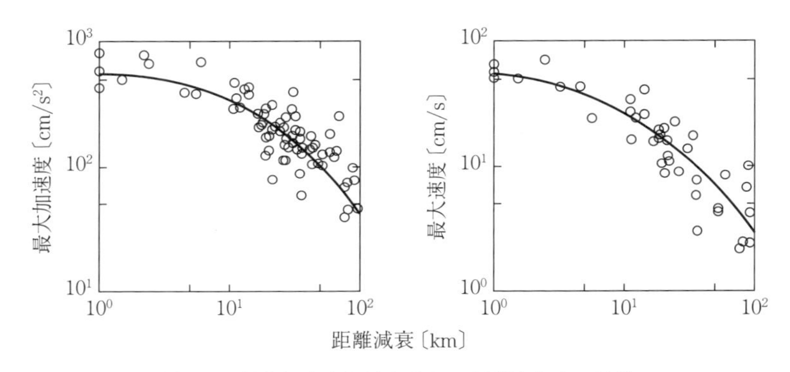

図 2.8　最大加速度と最大速度の距離減衰式の例[6)]

地表面の地震動予測は，工学的基盤面から地表面までの表層地盤による地震動増幅過程に基づき予測するものであり，地盤の応答解析を用いる手法と表層地盤増幅度を用いる手法がある。ここでは簡便な手法である表層地盤増幅度を用いる手法を例に説明する。

表層地盤増幅度は表層地盤の揺れやすさを表す指標で，工学的基盤面の地震動に対する地表面の地震動の増分を設定したものである。地震被害想定を日本全国のどの地域でも実施可能なように，国土交通省が公開している国土数値情報の微地形分類のメッシュデータを基に設定したものが提案されている。内閣府[7)]による東京都の表層地盤の揺れやすさ（計測震度増分）のマップを**図 2.9** に示す。この図から，平野や川に沿った地域では表層地盤が軟弱なため揺れやすく，山間部では比較的揺れにくくなっていることがわかる。

〔2〕　**液状化危険度予測**　　液状化は，地表面の地震動を入力として，地盤

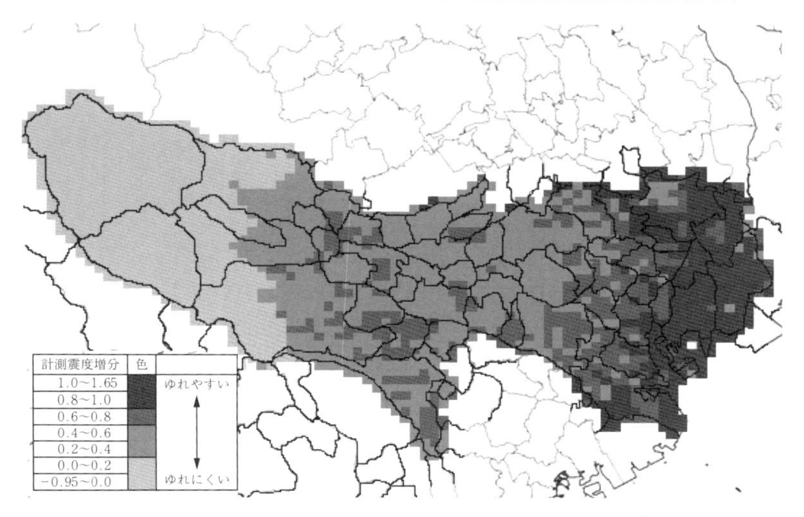

図 2.9 表層地盤の揺れやすさマップ（東京都の例）[7)]

のボーリングデータに基づき液状化危険度として予測する。一般に対象地点の地盤の各層での液状化危険度を評価し，その地点の地盤全体の液状化危険度を評価する手法が用いられる。そのフローチャートおよび入力・出力項目を**図 2.10**，**表 2.3** に示す。

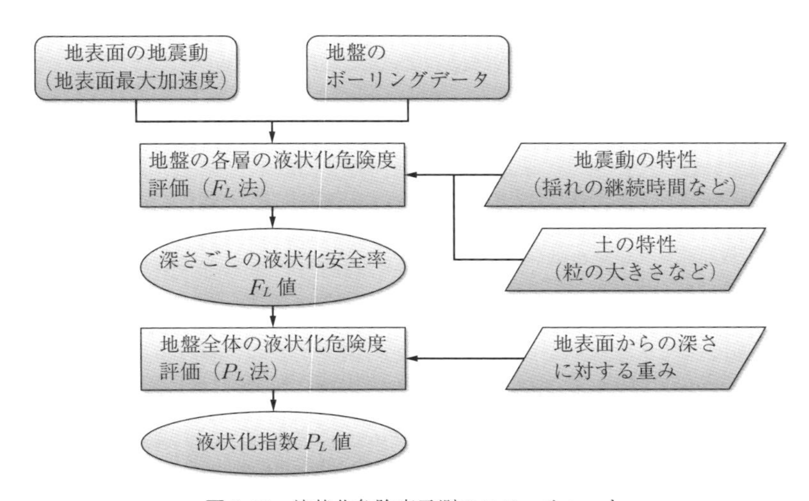

図 2.10 液状化危険度予測のフローチャート

表 2.3　液状化危険度予測の入力・出力項目および設定条件

予測内容	項　目	内　　　容
地盤の各層の液状化危険度	入力変数	地表面の地震動 ・地表面最大加速度 地盤の各層の特性を定めるパラメータ ・地盤のボーリングデータ
	設定条件	液状化の発生しやすさを補正する条件 ・地震動の特性（揺れの継続時間など） ・土の特性（粒の大きさなど）
	予測式・手法	F_L 法
	出力結果	深さごとの液状化安全率 F_L 値
地盤全体の液状化危険度	入力変数	深さごとの液状化安全率 F_L 値
	設定条件	地盤全体の液状化に対する各層の影響を定める条件 ・地表面からの深さに対する重み
	予測式・手法	P_L 法（F_L 値を深さ方向に重みづけして積分）
	出力結果	液状化指数 P_L 値

地盤の各層の液状化危険度については，地震動の特性（揺れの継続時間など）や土の特性（粒の大きさなど）に基づき，深さごとの液状化安全率（F_L 値）として算出する。F_L 値は，その値が 1.0 より大きければ，その深さの層で液状化の発生可能性なしと判定されるように定義されたものである。

$F_L \leqq 1.0$ の場合：　その深さで液状化発生可能性あり

$1.0 < F_L$ の場合：　その深さで液状化発生可能性なし

地盤全体の液状化危険度は，F_L 値の分布を深さ方向に重みづけして積分を行い，地盤全体の液状化指数（P_L 値）として算出する。**図 2.11** に F_L 値と深さ方向の重みづけの例を示す。P_L 値が高いほど液状化危険度は高く，つぎのような基準で判定される。

$P_L = 0$ の場合：　液状化危険度はかなり低い

$0 < P_L \leqq 5$ の場合：　液状化危険度は低い

$5 < P_L \leqq 15$ の場合：　液状化危険度が高い

$15 < P_L$ の場合：　液状化危険度がきわめて高い

〔3〕 **斜面崩壊危険度予測**　斜面崩壊は，急傾斜地震災対策危険度判定基

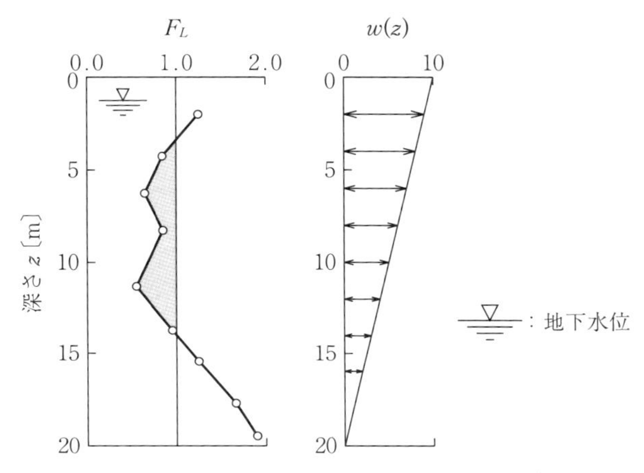

図 2.11 F_L 値と深さ方向の重みづけの例 [8)]

準に基づく斜面の採点結果と地表面の地震動（震度）に基づき，斜面崩壊危険度ランクを予測する。そのフローチャートおよび入力・出力項目を**図 2.12**，**表 2.4** に示す。

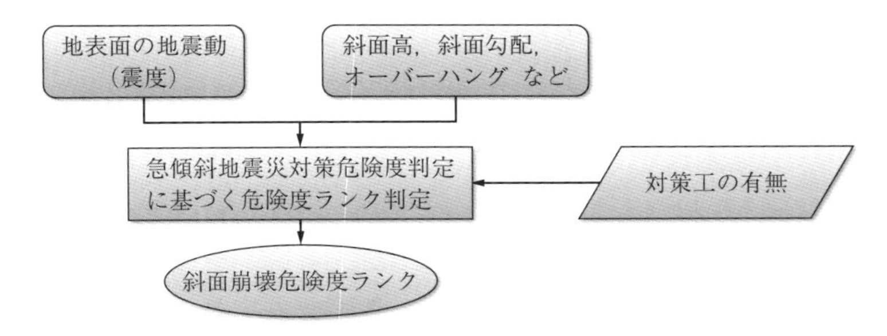

図 2.12 斜面崩壊危険度予測のフローチャート

危険度ランクは，ランク A（危険性が高い），B（危険性がある），C（危険性が低い）の 3 段階とする。斜面崩壊の対策工が施されている場合は，危険度を 1 ランク下げるなどの補正を行う考え方も提案されている。

急傾斜地震対策危険度判定基準における項目および配点の例を**表 2.5** に示す。また，採点結果による危険ランク判定基準の例を**表 2.6** に示す。

なお，造成宅地被害に関しては，現状では確立された予測手法がなく，被害想定においても定性的な評価がされることが多い。

表 2.4　斜面崩壊危険度予測の入力・出力項目および設定条件

予測内容	項　目	内　　容
急傾斜地崩壊危険度	入力変数	地表面の地震動 ・震度 斜面の特性を定めるパラメータ ・斜面高，斜面勾配，オーバーハングなど
	設定条件	対策工の効果で崩壊危険度を補正する条件 ・対策工の有無
	予測式・手法	急傾斜地震災対策危険度判定に基づく方法
	出力結果	斜面崩壊危険度ランク

表 2.5　急傾斜地震災対策危険度判定基準の例 [9)]

大 項 目	小　項　目	点数
① 斜面高 H〔m〕	$50 \leqq H$	10
	$30 \leqq H < 50$	8
	$10 \leqq H < 30$	7
	$H < 10$	3
② 斜面勾配 α〔°〕	$59° \leqq \alpha$	7
	$45° \leqq \alpha < 59°$	4
	$\alpha < 45°$	1
③ オーバーハング	オーバーハングあり	4
	オーバーハングなし	0
④ 斜面の地盤	亀裂が発達，開口しており転石，浮石が点在する	10
	風化，亀裂が発達した岩である	6
	礫混じり土，砂質土	5
	粘質土	1
	風化，亀裂が発達していない岩である	0
⑤ 表土の厚さ	0.5 m 以上	3
	0.5 m 未満	0
⑥ 湧　水	有	2
	無	0
⑦ 落石・崩壊履歴	新しい崩壊地がある	5
	古い崩壊地がある	3
	崩壊地は認められない	0

表 2.6　斜面崩壊危険度ランク判定基準の例[9)]

	13 点以下	14〜23 点	24 点以上
震度 6 強以上	A	A	A
震度 6 弱	B	A	A
震度 5 強	C	B	A
震度 5 弱	C	C	B
震度 4 以下	C	C	C

2.2 建　物　被　害

2.2.1 建物の地震被害の概要

地震災害では，さまざまな要因で建物被害が発生している。要因別の被害統計をみると，その地震で顕著な影響を与えた被害事象がわかる。

1923 年関東地震[10)]では，家屋の被害が東京府[†]で全潰 20 179 棟，半潰 34 632 棟，焼失 377 907 棟，神奈川県で全潰 62 887 棟，半潰 52 863 棟，焼失 68 569 棟，千葉県で全潰 31 186 棟，半潰 14 919 棟，焼失 647 棟である。東京府の地震火災による被害が圧倒的に多かった。一方，震源に近い神奈川県や千葉県では，東京府に比べて全潰被害が多かった。

1995 年兵庫県南部地震[11)]では，神戸市（西区と北区を除く）・尼崎市・西宮市・芦屋市・伊丹市・宝塚市・川西市の 7 市で低層建築物の全壊または大破 46 022 棟，中程度の損傷 42 208 棟，火災による損傷それぞれの被害 4 368 棟である。そのうち神戸市（西区と北区を除く）のみで全壊または大破 30 630 棟，中程度の損傷 24 731 棟，火災による損傷それぞれの被害 4 297 棟であり，揺れによる被害が多かった。ただし，神戸市長田区では地震火災による被害の大半を占め，火災による損傷が 2 242 棟であった。

2011 年東北地方太平洋沖地震での被害[12)]は，岩手県で住家（じゅうか）の全壊 19 595 棟，半壊 6 570 棟，宮城県で住家の全壊 82 998 棟，半壊 155 128 棟，福島県で

[†] 東京都は，1866 年（明治元年）から 1943 年（昭和 18 年）までは東京府であった。

住家の全壊 18 054 棟，半壊 75 595 棟とされている。しかし被害統計は揺れによる被害と津波による被害で分けて集計されていないため，割合は不明である。住宅地図データを用いて津波浸水域の建物数を GIS で計測した調査[13]では，津波による被害が，宮城県石巻市で 6 万棟弱，岩手県宮古市，宮城県気仙沼市，東松島市，福島県いわき市でそれぞれ 1 万棟超という結果が報告され，津波による被害が甚大であったことが推察される。また，火災による被害[14]は被災地全域で 1 196 棟，そのうち揺れによる火災が 168 棟，津波による火災が 952 棟，それ以外（人為的要因など）の火災が 76 棟であり，津波による火災が圧倒的に多かった。

つぎに，想定地震の被害想定について，建物被害棟数の要因別予測結果を以下に示す。

内閣府による首都直下地震の被害想定[15]（都心南部直下地震）では，住家の揺れによる全壊約 175 000 棟，液状化による全壊約 22 000 棟，急傾斜地崩壊による全壊約 1 100 棟，地震火災による焼失（冬・夕方，風速 8 m/s）約 412 000 棟である。これより要因別では，揺れと地震火災による被害棟数が多い。なお，都心南部直下地震では津波高は低く（東京湾内で 1 m 以下），津波による全壊は想定されていない。

内閣府による南海トラフ巨大地震の被害想定[16]（東海地方が大きく被災するケース，地震動は基本ケース）では，住家の揺れによる全壊約 627 000 棟，液状化による全壊約 115 000 棟，津波による全壊約 157 000 棟，急傾斜地崩壊による全壊約 4 600 棟，地震火災による焼失（冬・夕方，風速 8 m/s）約 310 000 棟である。これより，要因別では，首都直下地震（都心南部直下地震）と同様に揺れと地震火災による被害棟数が多い。また，津波による全壊は，首都直下地震（都心南部直下地震）の揺れによる全壊に匹敵する規模の被害である。

首都直下地震（都心南部直下地震）と南海トラフ巨大地震を全壊・焼失棟数の合計で比較すると，南海トラフ巨大地震は首都直下地震の約 2 倍の被害棟数となっている。

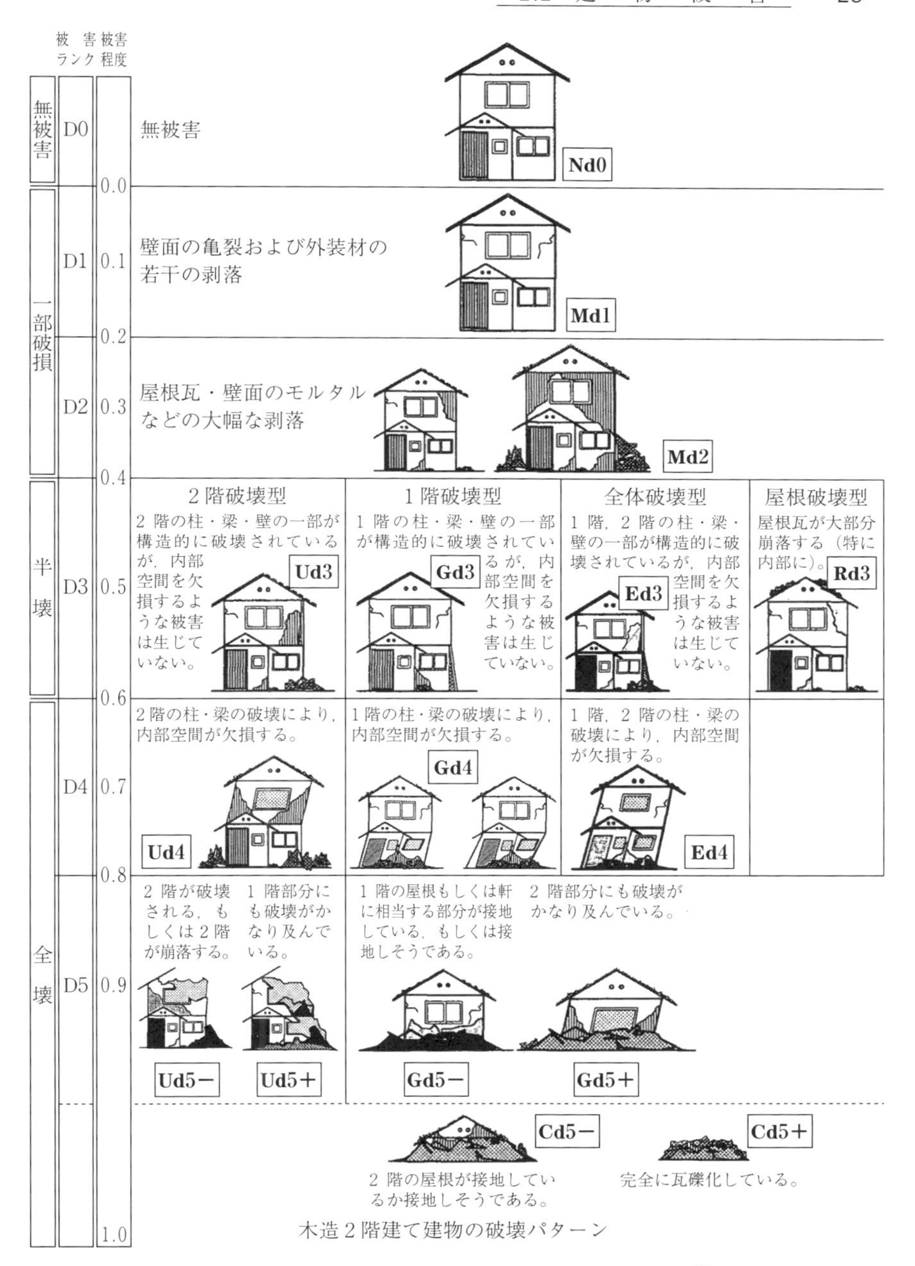

図 2.13　木造建物の被害ランクのパターンチャート[17)]

建物の地震被害は，兵庫県南部地震以後，被害地震が発生する度に建物被害調査が行われ，被害データの蓄積が進んでいる。しかし被害調査の目的によって判定に用いる被害ランクの定義が異なることに注意が必要である。

被害調査は，「地震保険損害査定のための調査」，「応急危険度判定のための調査」，「罹災（りさい）証明の被害認定のための調査」，「大学などによる被害記録のための調査」などがある。被害記録のための調査では，近年，「岡田チャート」と呼ばれる建物被害状態を図化して被害ランクと対応づけたパターンチャート[17]が，標準的に使われるようになっている。**図 2.13** に，木造建物の被害ランクのパターンチャートを示した。被害程度を定性的に文章で記したものや20% や 50% といった数値で概念的に示したものに比べて，調査者の迅速な判断が可能となり，調査者間の判定のばらつきも抑えられるといった利点がある。

2.2.2　建 物 被 害 想 定

建物被害は，揺れ（地震動）による建物被害，液状化による建物被害，斜面崩壊による建物被害，の三つに分けて予測する。

なお，地震火災による建物被害および津波被害による建物被害は，それぞれ地震火災および津波被害の節で説明する。

〔1〕　**揺れによる建物被害予測**　　地震波の中には，周期の長い揺れから短い揺れまでさまざまな周期の揺れが含まれており，地震の揺れの周期と建物の固有周期が一致すると建物は共振現象を起こし，建物の揺れは増幅されて建物被害に結び付く。

揺れによる建物被害予測には，建物の固有周期を考慮せずに評価する手法と考慮して評価する手法がある。前者は過去の地震被害データに基づき被害予測を行う手法（被害率曲線を用いる手法），後者は建物の応答解析に基づき被害予測を行う手法（応答解析に基づく手法）である。

その揺れによる建物被害予測・被害率曲線を用いる手法のフローチャート，および入力・出力項目を**図 2.14**，**表 2.7** に示す。揺れによる建物被害予測・

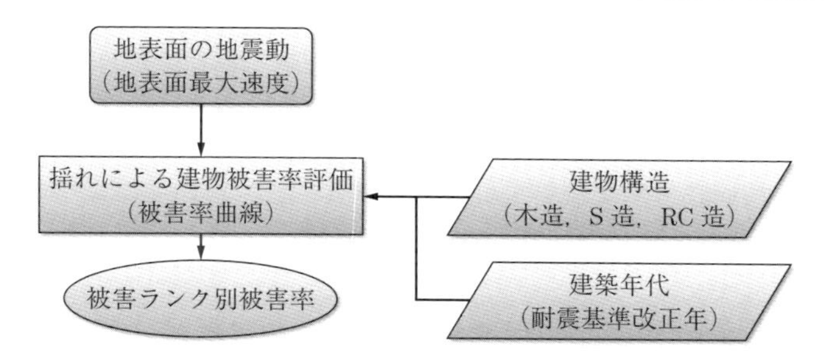

図 2.14 揺れによる建物被害予測・被害率曲線を用いる手法のフローチャート

表 2.7 揺れによる建物被害予測・被害率曲線を用いる手法の入力・出力項目および設定条件

予測内容	項目	内容
揺れによる建物の被害率	入力変数	地表面の地震動 ・地表面最大速度
	設定条件	建物の壊れにくさを定める条件 ・建物構造（木造，S造，RC造） ・建築年代（建築基準法の耐震基準改正年）
	予測式・手法	被害率曲線（被害ランク別）
	出力結果	被害ランク別の被害率

応答解析に基づく手法のフローチャート，および入力・出力項目を**図 2.15**，**表 2.8** に示す。

被害率曲線を用いる手法は，適用が簡便なため，多くの自治体で被害想定に採用されている。被害率曲線は，過去の地震被害データの統計回帰分析に基づ

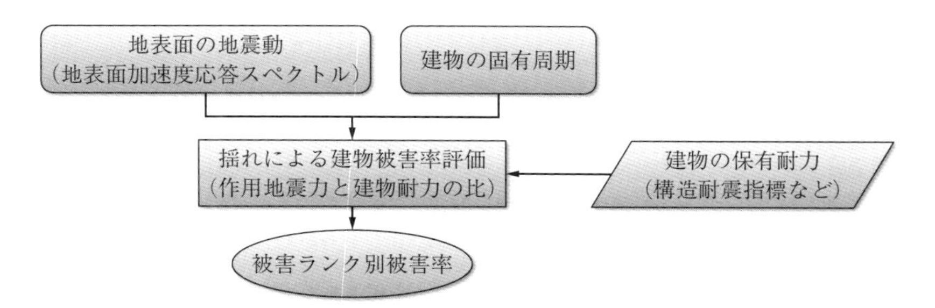

図 2.15 揺れによる建物被害予測・応答解析に基づく手法のフローチャート

表 2.8　揺れによる建物被害予測・応答解析に基づく手法の入力・出力項目および設定条件

予測内容	項　目	内　容
揺れによる建物の被害率	入力変数	地表面の地震動 ・地表面加速度応答スペクトル（周期別の加速度応答値） 建物の揺れの特性を定めるパラメータ ・建物の固有周期
	設定条件	建物の壊れにくさを定める条件 ・保有耐力（構造耐震指標など）
	予測式・手法	作用地震力と建物耐力の比に基づく方法
	出力結果	被害ランク別の被害率

き構築された，経験的な建物被害予測式である。地表面の地震動を入力変数として，建物構造（木造，S 造，RC 造）や建築年代（建築基準法の耐震基準改正年）など建物の耐震性と相関の高い項目による分類ごとに，被害ランク別の被害率を予測する。地表面の地震動には地表面最大速度や計測震度などを用いることが多い。なお，被害率曲線は，基にした被害データにおける地震動特性や建物振動特性などに依存した評価手法であることに留意する必要がある。**図 2.16** に木造建物の全壊率に関する被害率曲線の例を示す。

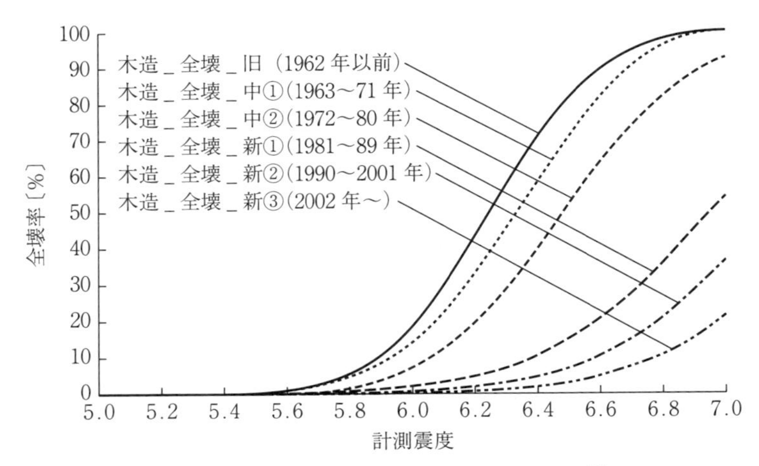

図 2.16　木造建物・全壊率の被害率曲線の例 [16)]

応答解析に基づく手法では，地表面の地震動に地表面加速度応答スペクトルを用いて，建物の固有周期における加速度応答スペクトル値に基づき，建物に作用する地震力を算出する。また，建物の耐力は耐震診断結果データなどに基づき設定する。そして作用する地震力と建物耐力の比に基づき，被害ランク別の被害率を予測する。想定地震の地震動特性や建物の地域特性を考慮して被害を評価するには，応答解析に基づく手法のほうが向いている。

〔2〕 **液状化による建物被害予測** 液状化による建物被害に関しては，前節の液状化危険度予測で算出した液状化指数 P_L 値を入力変数として，被害ランク別の被害率を予測する。**図 2.17** に液状化による建物被害予測のフローチャートを，**表 2.9** に液状化による建物被害予測の入力・出力項目および設定条件を示す。

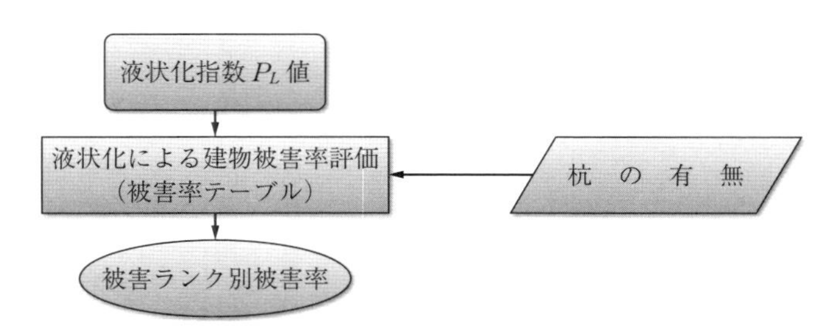

図 2.17 液状化による建物被害予測のフローチャート

表 2.9 液状化による建物被害予測の入力・出力項目および設定条件

予測内容	項 目	内 容
液状化による建物の被害率	入力変数	液状化指数 P_L 値
	設定条件	杭基礎の効果で被害率を補正する条件 ・杭の有無（RC 造・S 造）
	予測式・手法	被害率テーブル（被害ランク別）
	出力結果	被害ランク別の被害率

液状化による建物被害率の評価は，過去の地震被害事例に基づく液状化地域での被害率と，P_L 値に応じた液状化面積率により設定された被害率テーブルを用いて行う。

表 2.10 に液状化による建物被害率テーブルの例を示す。過去の地震被害事例から，液状化地域における木造の被害率は全壊率 10%，半壊率 20%，一部損壊率 20% とされている（表(a)）。また，非木造（RC 造・S 造）の被害率は，杭がない場合には大破率 20%，中破率 30%，小破率 40% とし，4 階建て以上で杭がある場合にはそれを考慮して被害率を低減する（表(b)）。

表 2.10　液状化による被害率テーブルの例[18)]

(a)　木 造 建 物

P_L 値	液状化面積率	全壊率	半壊率	一部損壊率
$15 < P_L$	18%	1.8%	3.6%	3.6%
$5 < P_L \leqq 15$	5%	0.5%	1.0%	1.0%
$0 < P_L \leqq 5$	2%	0.2%	0.4%	0.4%
$P_L = 0$	0%	0.0%	0.0%	0.0%
対象外	0%	0.0%	0.0%	0.0%

(b)　RC 造・S 造建物（建築年 1971 年以降）

構造	P_L 値	1～3 階			4 階～		
		大破率	中破率	小破率	大破率	中破率	小破率
RC 造	$15 < P_L$	2.3%	2.5%	4.7%	0.18%	0.27%	0.36%
	$5 < P_L \leqq 15$	0.65%	0.95%	1.3%	0.05%	0.08%	0.1%
	$0 < P_L \leqq 5$	0.26%	0.38%	0.52%	0.02%	0.03%	0.04%
	$P_L = 0$	0.0%	0.0%	0.0%	0.0%	0.0%	0.0%
	対象外	0.0%	0.0%	0.0%	0.0%	0.0%	0.0%
S 造	$15 < P_L$	3.6%	5.4%	7.2%	2.3%	3.6%	4.7%
	$5 < P_L \leqq 15$	1.0%	1.5%	2.0%	0.65%	1.0%	1.3%
	$0 < P_L \leqq 5$	0.4%	0.6%	0.8%	0.26%	0.4%	0.52%
	$P_L = 0$	0.0%	0.0%	0.0%	0.0%	0.0%	0.0%
	対象外	0.0%	0.0%	0.0%	0.0%	0.0%	0.0%

なお，被害棟数は，揺れによる被害と液状化による被害の両方に重複されることがないように工夫が必要である。具体的には，以下のような処理を行う。

① 揺れによる被害棟数と液状化による被害棟数のどちらか大きいほうを採用する。

② 揺れによる被害棟数については非液状化地域を対象に計算し，液状化による被害棟数については液状化地域を対象に計算する。

③ まず液状化による被害棟数を計算し，液状化被害を受けない建物を対象に揺れによる被害棟数を予測する。

〔3〕 **斜面崩壊による建物被害予測**　斜面崩壊による建物被害に関しては，前節の斜面崩壊危険度予測で算出した斜面崩壊危険度ランクを入力変数として，被害ランク別の被害率を予測する。その手法のフローチャートおよび入力・出力項目を**図 2.18**，**表 2.11** に示す。

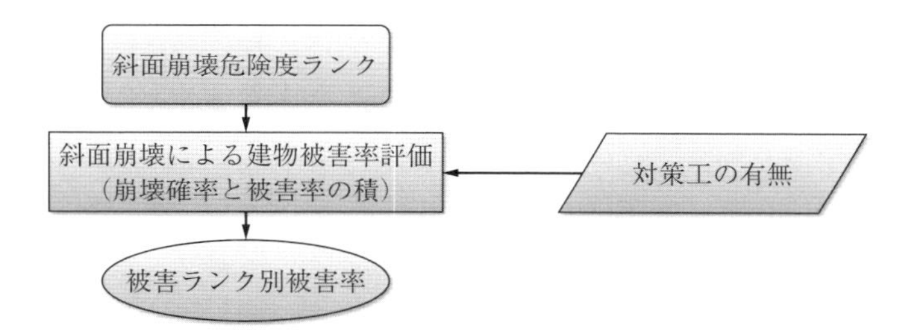

図 2.18　斜面崩壊による建物被害予測のフローチャート

表 2.11　斜面崩壊による建物被害予測の入力・出力項目および設定条件

予測内容	項　目	内　　容
斜面崩壊による建物の被害率	入力変数	斜面崩壊危険度ランク
	設定条件	対策工の効果で被害率を補正する条件 ・対策工の有無
	予測式・手法	危険度ランク別崩壊確率と震度別被害率の積
	出力結果	被害ランク別の被害率

被害率の評価は，斜面崩壊危険度ランク別の崩壊確率と震度別の人家被害率を掛け合わせて行う。

表 2.12 に危険度ランク別の崩壊確率の例を示す。また，**表 2.13** に崩壊箇所の震度別人家被害率の例を示す。斜面崩壊の対策工が施されている場合は，震度別被害率を低減する考え方も提案されている。

表 2.12　斜面崩壊危険度ランク別の崩壊確率の例[19)]

斜面崩壊危険度ランク	崩壊確率
A（危険性が高い）	95%
B（危険性がある）	10%
C（危険性が低い）	0%

表 2.13　崩壊箇所の震度別人家被害率の例[19)]

被害率	～震度 4	震度 5 弱	震度 5 強	震度 6 弱	震度 6 強	震度 7
大破率	0%	6%	12%	18%	24%	30%
中破率	0%	14%	28%	42%	56%	70%

2.3 地 震 火 災

2.3.1 地震火災被害

1923 年関東地震[10)]は，正午近くに地震が発生したため昼食の準備のために火の使用が多く，多数の出火があり，東京では翌々日まで燃え続けて約 38 km^2 が焼け，住家の約 70% が焼失した。また，横浜においても約 9.5 km^2 が焼け，住家の約 60% が焼失した。

1995 年兵庫県南部地震[20)]は，地震発生が早朝であったが，地震直後に神戸市内で 59 件，神戸市周辺地域で 23 件の出火があり同時多発火災となった。火災発生場所は震度 7 が記録された神戸市須磨区～西宮市にかけてほぼ均等に分布しており，神戸市西部の須磨区，長田区，兵庫区の木造建物密集地域では大規模な延焼火災となった（焼失規模が最大のものは，須磨区から長田区にかけて焼失面積 106 241 m^2，焼損棟数 1 164 棟であった）。関東地震の教訓により市街地火災対策は進んでいたが，消防力を上回る同時多発火災が発生すれば，大規模な延焼火災となる可能性があることが示された。**図 2.19** に神戸市での地震火災の写真を示す。

また出火原因は，関東地震では，その時代の特色として「かまど」や「コンロ」の占める割合が多かったが，兵庫県南部地震では電気器具（電気ストーブ

図 2.19　兵庫県南部地震で発生した地震火災（兵庫県神戸市）[22]
〔提供元：阿部勝征氏〕

や熱帯魚ヒータなど）やガス器具などが多く，生活様式の変化に対応して出火原因も多様化していた。

2011 年東北地方太平洋沖地震[21]は，大規模な津波火災が発生した。津波火災の地域特性としては，三陸沿岸部では倒壊家屋・プロパンガスボンベ・自動車などの多数の可燃物・危険物が山際に打ち寄せられ，その後，一緒に漂流してきた火源（家屋・各種燃料など）から着火炎上して，大規模な延焼に至った。仙台平野においても多数の可燃物・危険物・火源が漂流する点では同様であるが，都市部であるために三陸沿岸部に比べて火源の量が多く，出火点が多いのが特徴である。また，気仙沼などでは，重油などの危険物が流出して海上で大規模な火災が継続し，炎上した船・瓦礫（がれき）が回遊して火災を拡大させた。**図 2.20** に岩手県山田町での津波火災の写真を示す。

地震火災被害の被害想定は，発災季節・時間帯と風速について条件を組み合わせた複数のケースを考慮して予測を行っている。地震火災被害が最小および最大となる場合の，焼失棟数の予測を以下に述べる。

内閣府による首都直下地震の被害想定[23]（都心南部直下地震）では，地震火災による焼失棟数は「夏・昼，風速 3 m/s」の場合に最小となり，全体で約 38 000 棟，東京都で約 33 000 棟（そのうち都区部で約 33 000 棟），神奈川県で約 2 600 棟，千葉県で約 800 棟，埼玉県で約 2 000 棟である。また，「冬・夕

図 2.20　東北地方太平洋沖地震で発生した津波火災（岩手県山田町）[22]
〔提供元：岩手県山田町〕

方，風速 8 m/s」の場合に最大となり，全体で約 412 000 棟，東京都で約 221 000 棟（そのうち都区部で約 195 000 棟），神奈川県で約 95 000 棟，千葉県で約 25 000 棟，埼玉県で約 71 000 棟である。全体の焼失棟数で比較すると，最小値と最大値では約 10 倍の大きさになっている。

内閣府の南海トラフ巨大地震の被害想定[16]（東海地方が大きく被災するケース，地震動は基本ケース）では，地震火災による焼失棟数は「冬・深夜，風速 3 m/s」の場合に最小値となり，全体で約 50 000 棟である。また，「冬・夕方，風速 5 m/s」の場合に最大値となり，全体で約 310 000 棟である。全体の焼失棟数で比較すると，最小値と最大値では約 6 倍の大きさになっている。

都心南部直下地震と南海トラフ巨大地震を比較すると，全体の焼失棟数ではあまり大きな差は見られないが，都心南部直下地震では焼失棟数の最小値と最大値の比が大きく，条件の違いによる推計結果のばらつきが大きい。

2.3.2　地震火災被害想定

地震火災被害の予測は，まず地震後の炎上出火件数を予測し，それに対して消防力を考慮した延焼出火件数を予測する。そして市街地の状況を考慮した焼失件数を予測するという手順で行う。

〔1〕 **炎上出火件数予測**　地震後の炎上出火件数の予測は，一般火気器具からの出火，危険物施設からの出火，化学薬品からの出火に大別される。ここでは，一般火気器具からの出火を中心に述べる。

炎上出火とは，すべての出火のうち，住民による初期消火ができず，消防力の運用が必要となる出火を指す。炎上出火件数予測のフローチャートおよび入力・出力項目を**図 2.21**，**表 2.14** に示す。

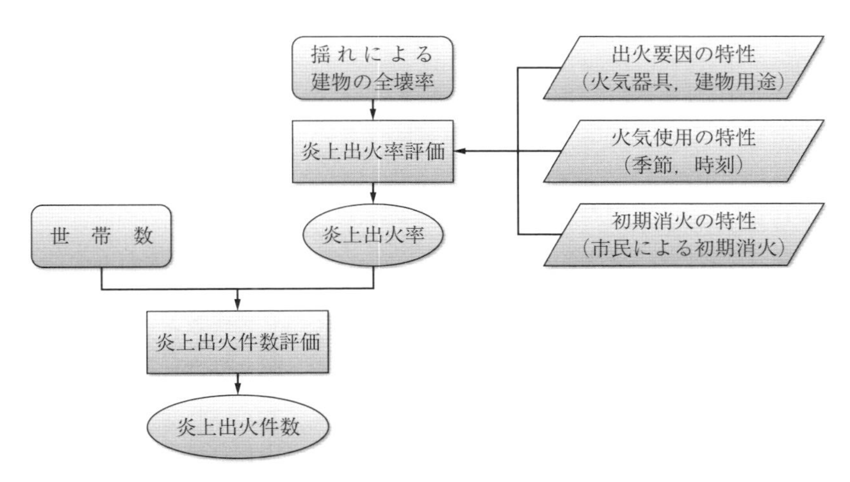

図 2.21　炎上出火件数予測のフローチャート

炎上出火率は，揺れによる建物被害予測で算出した全壊率を入力変数として，過去の地震被害事例に基づく全壊率と出火率の関係に従って出火率を求め，それに出火要因の特性（火気器具，建物用途），火気使用の特性（季節，時刻），初期消火の特性（市民による初期消火）などを考慮した補正を行い算出する。

火気器具は，一般火気器具（ガスコンロ，石油ストーブなど），電熱器具（電気ストーブ，電気コンロなど），電気機器・配線（電気製品，屋内配線など）に分けることが多い。火気器具別の出火率の例を**表 2.15** に示す。

また，建物用途は，飲食店や料理店の出火率が高く設定されている。

表 2.14　炎上出火件数予測の入力・出力項目および設定条件

予測内容	項　目	内　　容
炎上出火率	入力変数	揺れによる建物の全壊率
	設定条件	出火率を補正する条件 ・出火要因の特性（火気器具，建物用途） ・火気使用の特性（季節，時刻） ・初期消火の特性（市民による初期消火）
	予測式・手法	建物全壊率と出火率の関係
	出力結果	炎上出火率
炎上出火件数	入力変数	炎上出火率 世帯数
	予測式・手法	炎上出火率と世帯数の積
	出力結果	炎上出火件数

表 2.15　火気器具別の出火率の例[24)]

要　因	出火率
a）一般火気器具（ガスコンロ，石油ストーブなど）	16.4%
b）電熱器具（電気ストーブ，電気コンロなど）	32.7%
c）電気機器・配線（電気製品，屋内配線など）	32.6%
d）化学薬品（ベンジン，黄リンなど）	6.0%
e）ガス漏洩	12.3%

季節と時刻は，暖房器具および調理器具の使用を考慮する。具体的には，「暖房器具の使用が多い冬の朝」，「暖房器具に加えて調理器具の使用が多い冬の夕方」，「暖房器具の使用はないが調理器具の使用が多い夏の昼」などである。大規模な地震火災が発生した 1923 年関東地震は夏の昼（9 月 1 日午前 11 時 58 分），1995 年兵庫県南部地震は冬の朝（1 月 17 日午前 5 時 46 分）の事例である。

初期消火は，そのエリアでの震度や最大加速度などの地震動の大きさを考慮して，初期消火成功率を設定する。

〔2〕 **延焼出火件数予測**　　延焼出火件数の予測は，炎上出火件数から，公設消防や消防団といった消防力によって消火される件数（消火件数）を引き，

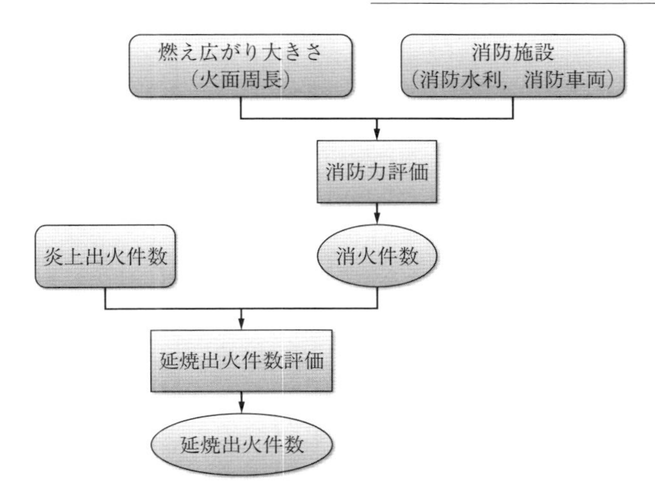

図 2.22　延焼出火件数予測のフローチャート

表 2.16　延焼出火件数予測の入力・出力項目および設定条件

予測内容	項　目	内　容
消火件数	入力変数	消防施設の位置・数 ・消防水利・消防車両 燃え広がり大きさ ・火面周長
	予測式・手法	消防力の評価に基づく方法
	出力結果	消火件数
延焼出火件数	入力変数	消火件数 炎上出火件数
	予測式・手法	炎上出火件数と消火件数の差
	出力結果	延焼出火件数

残ったものが延焼火災となる件数として求める。延焼出火件数予測のフローチャート，入力・出力項目および設定条件を**図 2.22**，**表 2.16** に示す。

消防力による消火件数は，そのエリアの消防水利や消防車両などの消防施設の位置・数と消防車両の到着時点での燃え広がり大きさ（火面周長）に基づき，消火可能件数として算出する。なお，消防力として消防施設は十分であっても，それを運用する人的資源が確保できるかどうかも重要であり，それを考

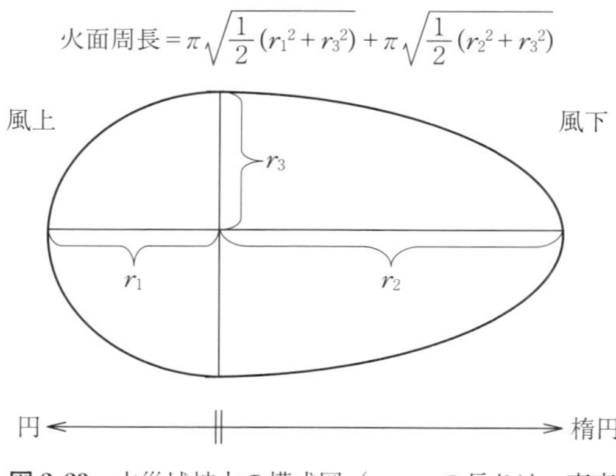

図 2.23　火災域拡大の模式図（$r_1 \sim r_3$ の長さは，東京消防庁の提案式に基づき算出）[25)]

慮する考え方も提案されている。**図 2.23** に火災域拡大の模式図を示す。

消防車両が出火点に到着するまでの時間経過による燃え広がりについては，東京消防庁による延焼速度式が用いられる。風向きに応じた延焼速度を考慮し，風下方向に楕円，風上方向に円を仮定した形状で経過時間による火災域の拡大を予測する式である。延焼速度には，建物の隣棟間隔や裸木造・防火造・耐火造の混成比率なども考慮される。火面周長とは，風上側および風下側の火災域形状の長さである。

消防車両の駆付け時間については，火災覚知時間，出動時間，走行時間，ホース延長時間の合計によって求める。消防車両 1 台当りの消火可能な火面周長に基づき，消火の可否を判定する。

〔3〕 **焼失棟数予測**　　焼失棟数は，前節で算出した延焼出火点ごとに風速・風向から延焼領域を評価して，延焼領域内の不燃領域率に基づき焼失率を求め，それに領域内の建物棟数を掛け合わせて求める。焼失棟数予測のフローチャートおよび入力・出力項目を**図 2.24**，**表 2.17** に示す。

延焼領域の評価は，対象エリアをメッシュで分割するとともに，延焼遮断帯による区画で計算ユニットを設定して，メッシュごとの延焼速度と延焼遮断帯の有無によりユニット間の燃え移りを予測する。出火点はメッシュの中心点に

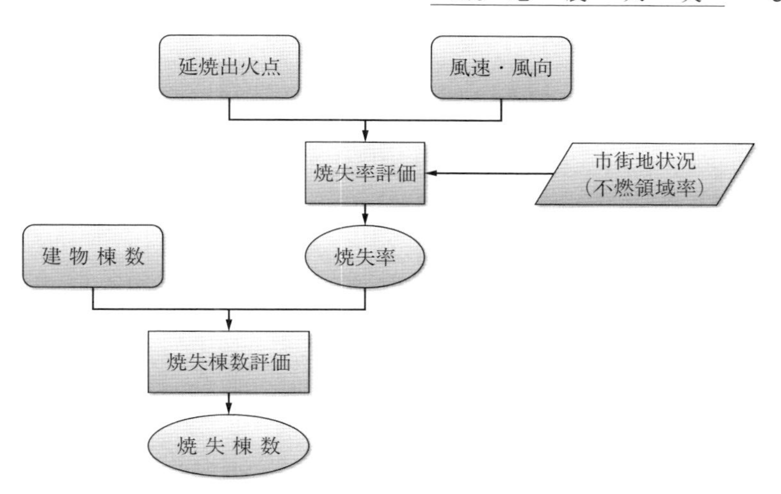

図 2.24　焼失棟数予測のフローチャート

表 2.17　焼失棟数予測の入力・出力項目および設定条件

予測内容	項目	内容
焼失率	入力変数	延焼出火点 風速・風向
	設定条件	市街地状況を定める条件 ・不燃領域率
	予測式・手法	延焼領域の評価に基づく方法
	出力結果	焼失率
焼失棟数	入力変数	焼失率 建物棟数
	予測式・手法	焼失率と建物棟数の積
	出力結果	焼失棟数

設定する。なお，メッシュの大きさは，エリア内の建物分布特性を適確に把握するため，一辺が 100～167 m（500 m の 1/3）のメッシュでモデル化することが多い。延焼遮断帯は，過去の大火の事例などから，道路，河川，空地，鉄道敷地を対象にして，幅員に基づき効果が判定される。**図 2.25** に延焼予測におけるメッシュのモデル化の例を示す。

焼失率の評価は，兵庫県南部地震の被害事例やシミュレーション・実験結果

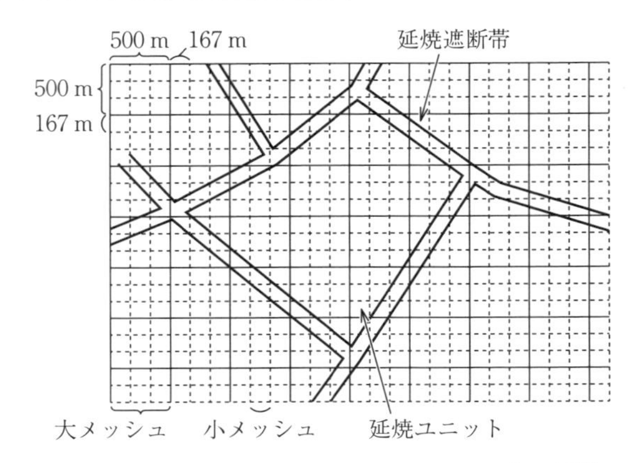

図 2.25　延焼予測におけるメッシュのモデル化の例[26)]

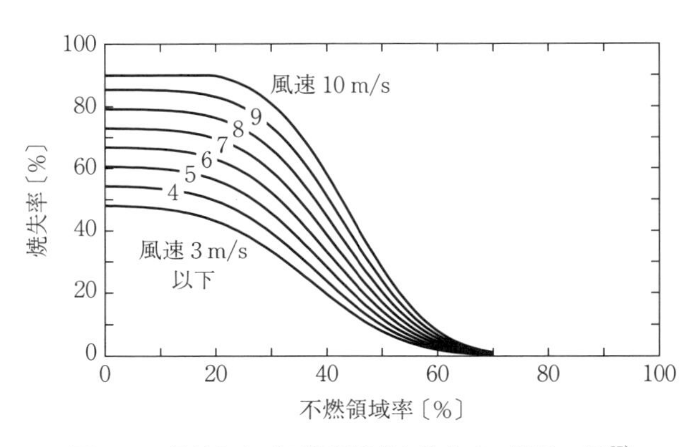

図 2.26　風速および不燃領域率と焼失率の関係の例[27)]

などに基づき設定された風速，不燃領域率，焼失率の関係に基づき算出する。**図 2.26** に風速，不燃領域率，焼失率の関係の例を示す。

2.4 人 的 被 害

2.4.1 地震の人的被害

地震災害では，人的被害に影響を与えた主要因が地震により大きく異なっている。**図 2.27** に 1923 年関東地震（図 (a)），1995 年兵庫県南部地震（図 (b)），

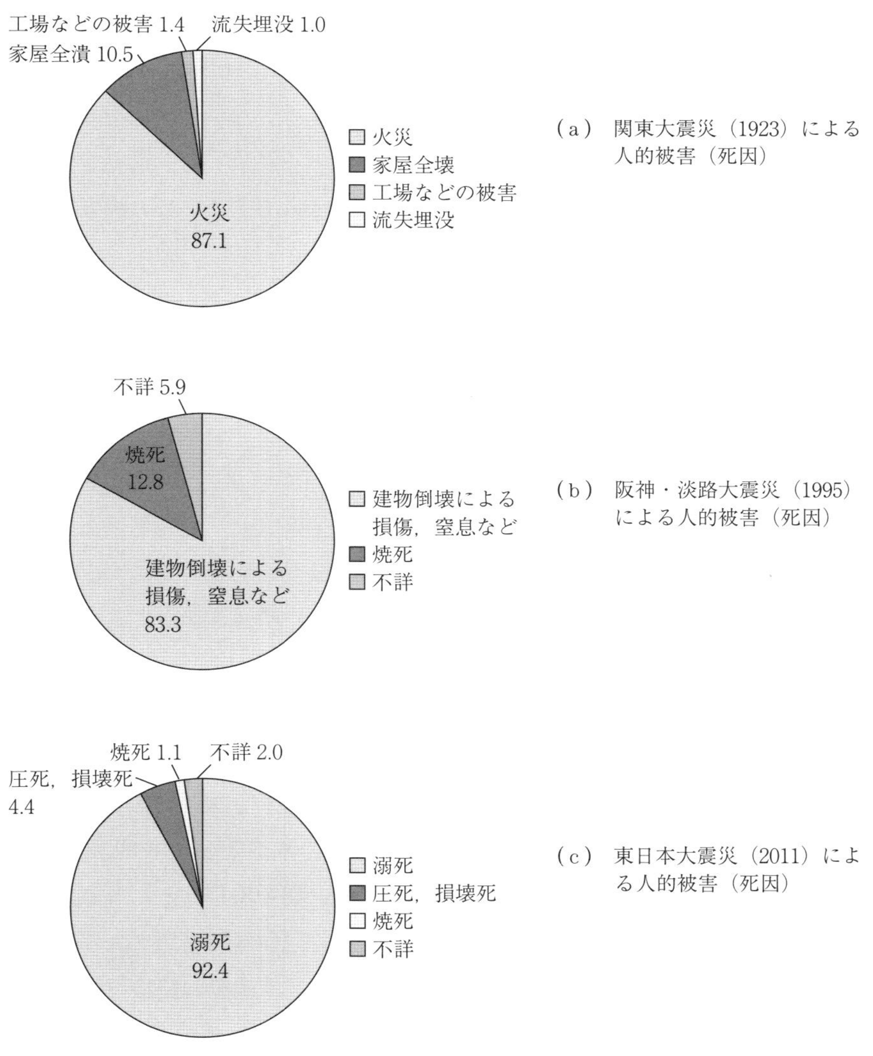

図 2.27　過去の地震災害における死者発生の要因別内訳[28)]

2011 年東北地方太平洋沖地震（図(c)）での人的被害（死者）の要因別内訳[28)]を示す。この図より関東地震では地震火災による人的被害，兵庫県南部地震では揺れの建物倒壊による人的被害，東北地方太平洋沖地震では津波による人的被害が大部分を占めているように，原因が大きく異なることがわかる。

人的被害の被害想定は，地震火災被害の影響を受ける地震発生の季節・時間帯と風速について，条件を組み合わせた複数のケースについて予測を行っている。死傷者の発生状況は，地震発生時に人がどこに多く存在し，活動をしているかにより大きく異なる。以下に人的被害が最小および最大となる場合の予測結果を述べる。

死者数の予測は，内閣府・首都直下地震の被害想定[15)]（都心南部直下地震）では，「夏・昼，風速 3 m/s」の場合に最小となり約 5 000～5 400 人である。要因別では，建物倒壊などによる死者約 4 400 人，急傾斜地崩壊による死者約 30 人，地震火災による死者約 500～900 人，ブロック塀・自動販売機の転倒や屋外落下物による死者は約 200 人である。また，「冬・夕方，風速 8 m/s」の場合に最大となり約 16 000～23 000 人である。要因別では，建物倒壊などによる死者約 6 400 人，急傾斜地崩壊による死者約 60 人，地震火災による死者約 8 900～16 000 人，ブロック塀・自動販売機の転倒や屋外落下物による死者約 500 人である。最小の場合は建物倒壊などによる死者数が多く，最大の場合には地震火災による死者数が多い。また，全体の死者数で比較すると，最小と最大では 4 倍程度の違いになる。

内閣府・南海トラフ巨大地震の被害想定[16)]（東海地方が大きく被災するケース，地震動は基本ケース）は，死者数は「夏・昼，風速 3 m/s」の場合に最小となり約 80 000～207 000 人である。要因別では，建物倒壊などによる死者約 17 000 人，津波による死者約 61 000～189 000 人，急傾斜地崩壊による死者約 200 人，地震火災による死者約 1 600 人，ブロック塀・自動販売機の転倒や屋外落下物による死者約 300 人である。また，「冬・深夜，風速 8 m/s」の場合に最大となり約 151 000～266 000 人である。要因別では，建物倒壊などによる死者約 38 000 人，津波による死者約 109 000～224 000 人，急傾斜地崩壊による死者約 400 人，地震火災による死者約 3 300 人，ブロック塀・自動販売機の転倒や屋外落下物による死者は約 20 人である。南海トラフ巨大地震では，最小および最大のどちらの場合も津波による死者数が圧倒的に多い。また，全体の死者数で比較すると，最小と最大では3倍程度の違いになる。

首都直下地震と南海トラフ巨大地震を全体の死者数で比較すると，南海トラフ巨大地震は首都直下地震の約10倍となっており，津波による影響がいかに大きいかがわかる。

つぎに，要救助者数の予測は，内閣府・首都直下地震の被害想定[15]（都心南部直下地震）では，揺れによる建物被害に伴う要救助者は「夏・昼」の場合に最小の約54 000人，「冬・深夜」の場合に最大の約72 000人である。これは，深夜には多くの人が自宅で就寝をしているときに被害を受けることによる。

内閣府・南海トラフ巨大地震の被害想定[16]（東海地方が大きく被災するケース，地震動は基本ケース）は，揺れによる建物被害に伴う要救助者は「夏・昼」の場合に最小の約84 000人，「冬・深夜」の場合に最大の約141 000人，「冬・夕方」の場合は約109 000人である。また，津波被害に伴う要救助者については「冬・深夜」の場合に最小の約29 000人で，「夏・昼」と「冬・夕方」の場合はどちらも約32 000人である。

都心南部直下地震と南海トラフ巨大地震を要救助者数で比較すると，南海トラフ巨大地震は首都直下地震の2倍以上となる。

2.4.2　地震の人的被害想定

死傷者数の予測は，死傷者の発生要因別に，建物倒壊，家具転倒，地震火災，斜面崩壊に分けて予測されている。また，要救助者数の予測も発生要因別に，建物倒壊，斜面崩壊に分けて予測されている。

なお，津波による死傷者，要救助者数は，津波被害の項で説明する。

〔1〕　死傷者数予測

（a）　建物倒壊による死傷者数予測　　建物倒壊による死傷者数は，前節の揺れによる建物被害予測で算出した全壊率を入力変数として全壊率と死者率の関係に基づき死者率を求め，それに建物内滞留人口を掛け合わせて，死者数を予測する。このフローチャート，さらには入力・出力項目および設定条件をそれぞれ**図2.28**，**表2.18**に示す。

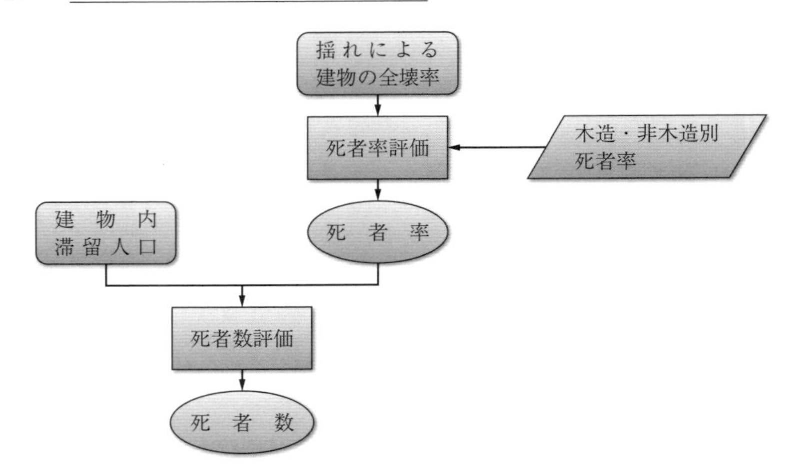

図 2.28　建物倒壊による死傷者数予測のフローチャート

表 2.18　建物倒壊による死傷者数予測の入力・出力項目および設定条件

予測内容	項　目	内　　　容
死者率	入力変数	揺れによる建物の全壊率
	設定条件	死者の発生しやすさを定める条件 ・木造・非木造別の全壊建物における死者率
	予測式・手法	建物全壊率と死者率の関係
	出力結果	死者率
死者数	入力変数	死者率 建物内滞留人口
	予測式・手法	死者率と建物内滞留人口の積
	出力結果	死者数

全壊率と死者率の関係は，兵庫県南部地震の被害事例に基づき木造・非木造別に設定されたものが用いられている。**図 2.29** に木造建物（図 (a)）と非木造建物（図 (b)）の全壊率と死者率の関係の例を示す。なお，この関係式では兵庫県南部地震が発生した午前 5 時の建物内滞留人口に対する死者率となることから，地震発生想定時刻を考慮して建物内滞留人口の補正を行う考え方も提案されている。

（b） 家具転倒による死傷者数予測　　家具転倒による死傷者数は，まず屋

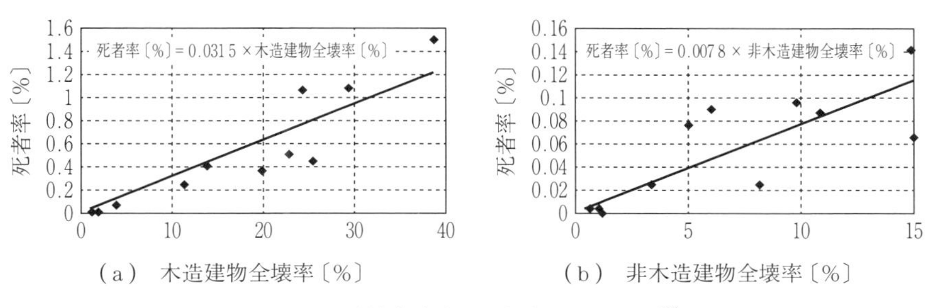

（a） 木造建物全壊率〔%〕　　（b） 非木造建物全壊率〔%〕

図 2.29 建物全壊率と死者率の関係の例 [18)]

内の家具転倒率を求め，家具転倒率と建物内滞留人口の積に，家具転倒による死者率・負傷者率を掛け合わせて，死者数・負傷者数を予測する。このフローチャート，さらには入力・出力項目および設定条件を**図 2.30**，**表 2.19** に示す。

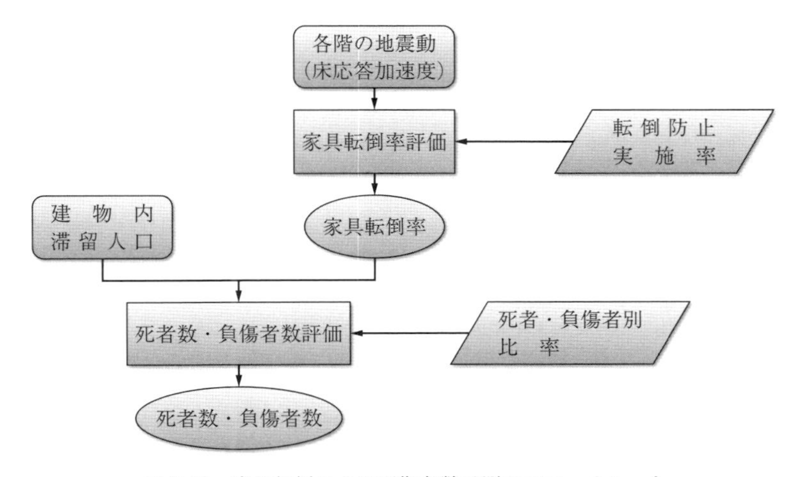

図 2.30 家具転倒による死傷者数予測のフローチャート

家具転倒率は，家具が設置されている階の床応答加速度を用いる。**図 2.31** に床応答加速度と家具転倒率の関係の例を示す。家具転倒防止策の実施率に応じて，家具転倒率の低減を行う。

（c） 地震火災による死傷者数予測　地震火災による死傷者数は，地震火災による焼失棟数と建物内滞留人口の積に，焼失建物内の死者率・負傷者率を掛け合わせて，死者数・負傷者数を予測する。このフローチャート，入力・出

表 2.19　家具転倒による死傷者数予測の入力・出力項目および設定条件

予測内容	項　目	内　　　容
家具転倒率	入力変数	各階の地震動 ・床応答加速度
	設定条件	転倒防止策の効果により転倒率を補正する条件 ・転倒防止実施率
	予測式・手法	床応答加速度と家具転倒率の関係
	出力結果	家具転倒率
死者数・負傷者数	入力変数	家具転倒率 建物内滞留人口
	設定条件	死者・負傷者の発生しやすさを定める条件 ・家具転倒による死者率・負傷者率
	予測式・手法	死者率・負傷者率と建物内滞留人口の積
	出力結果	死者数・負傷者数

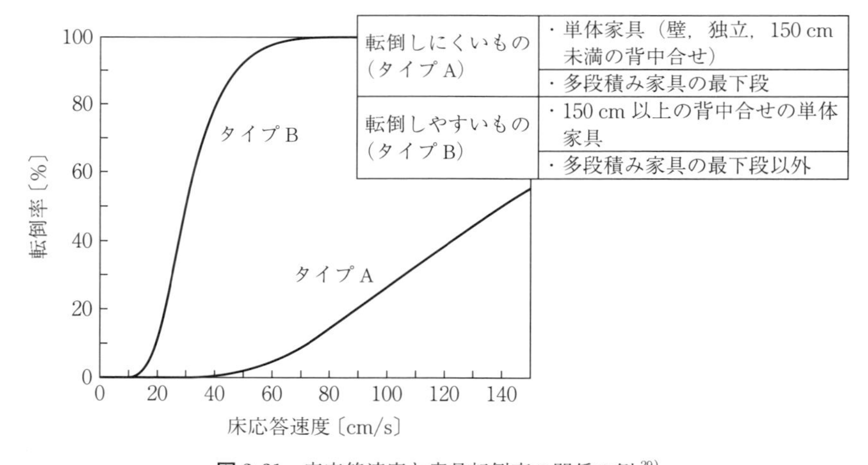

図 2.31　床応答速度と家具転倒率の関係の例 [29)]

力項目および設定条件を**図 2.32**，**表 2.20** に示す。

焼失建物内の死者率・負傷者率の設定には，いくつかの考え方が提案されている。それは現代の市街地では延焼火災によって焼死するということはきわめて起こりにくいと考え，出火元からの逃げ遅れによる死傷者を対象として，平常時火災での死者率・負傷者率を用いる方法や，過去の大火の事例に基づき延

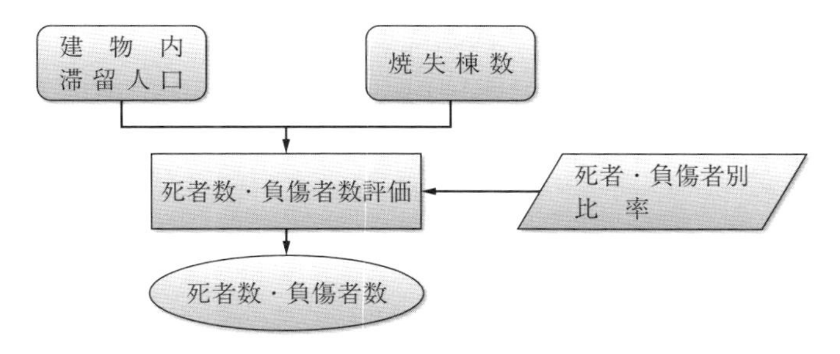

図 2.32 地震火災による死傷者数予測のフローチャート

表 2.20 地震火災による死傷者数予測の入力・出力項目および設定条件

予測内容	項　目	内　　　容
死者数・負傷者数	入力変数	焼失棟数 建物内滞留人口
	設定条件	死者・負傷者の発生しやすさを定める条件 ・焼失建物における死者率・負傷者率
	予測式・手法	死者率・負傷者率と建物内滞留人口の積
	出力結果	死者数・負傷者数

焼火災による死傷数も考慮して，地震火災を出火直後と延焼火災に分けて死者率・負傷者率を設定する方法などがある。

（d） 斜面崩壊による死傷者数予測　　斜面崩壊による死傷者数は，前節で算出した斜面崩壊による被害棟数と建物内滞留人口の積に，斜面崩壊被害建物内の死者率・負傷者率を掛け合わせて，死者数・負傷者数を予測する。このフローチャート，さらには入力・出力項目および設定条件を**図 2.33**，**表 2.21** に示す。

斜面崩壊被害建物内の死者率・負傷者率は，1978 年伊豆大島近海地震でのがけ崩れによる被害建物での人的被害発生率（死者率，重傷者率，軽傷者率）を用いる方法や，1967 年から 1981 年までのがけ崩れによる被害建物での死者数や負傷者数を用いる方法などが提案されている。ただし，後者の方法には地震によるがけ崩れ以外に，降雨によるがけ崩れによる被害実績が含まれている。

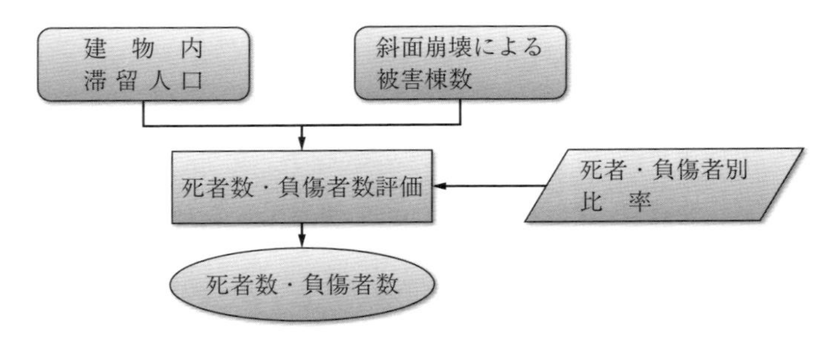

図 2.33　斜面崩壊による死傷者数予測のフローチャート

表 2.21　斜面崩壊による死傷者数予測の入力・出力項目および設定条件

予測内容	項　目	内　　容
死者数・負傷者数	入力変数	斜面崩壊による被害棟数 建物内滞留人口
	設定条件	死者・負傷者の発生しやすさを定める条件 ・斜面崩壊建物における死者率・負傷者率
	予測式・手法	死者率・負傷者率と建物内滞留人口の積
	出力結果	死者数・負傷者数

〔2〕 要救助者数予測

（a） 建物倒壊による要救助者数予測　　建物倒壊による要救助者数（自力脱出困難者）は，建物倒壊による死傷者数と同様の方法で求められる。揺れによる建物被害予測で算出した全壊率を入力変数として，全壊率と要救助者率の関係に基づき要救助者率を求め，その数値に建物内滞留人口を掛け合わせて，要救助者数を予測する。このフローチャート，さらには入力・出力項目および設定条件を**図 2.34**，**表 2.22** に示す。

全壊建物内の要救助者率のうち，木造建物については，倒壊による下敷き・生埋め者を対象として兵庫県南部地震の神戸市での被害事例に基づき，11.7% と設定されている。ただし，これは消防・警察・自衛隊や親戚・近所の人などによって救出または遺体搬出された人数であり，自己脱出した人数は含まれていない。また，非木造建物については，兵庫県南部地震で倒壊建物の閉込め者率が約 50% であったという調査結果から設定されている。

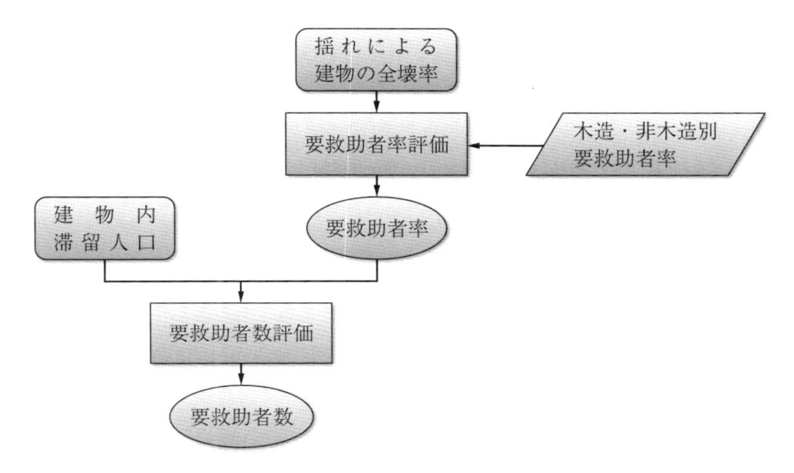

図 2.34　建物倒壊による要救助者数予測のフローチャート

表 2.22　建物倒壊による要救助者数予測の入力・出力項目および設定条件

予測内容	項　目	内　容
要救助者率	入力変数	揺れによる建物の全壊率
	設定条件	要救助者の発生しやすさを定める条件 ・木造・非木造別の全壊建物における要救助者率
	予測式・手法	全壊率と要救助者率の関係
	出力結果	要救助者率
要救助者数	入力変数	要救助者率 建物内滞留人口
	予測式・手法	要救助者率と建物内滞留人口の積
	出力結果	要救助者数

（b）　斜面崩壊による要救助者数予測　　斜面崩壊による要救助者数も，前述の斜面崩壊による死傷者数と同様の方法で求められる。このフローチャート，さらには入力・出力項目および設定条件をそれぞれ**図 2.35**，**表 2.23** に示す。

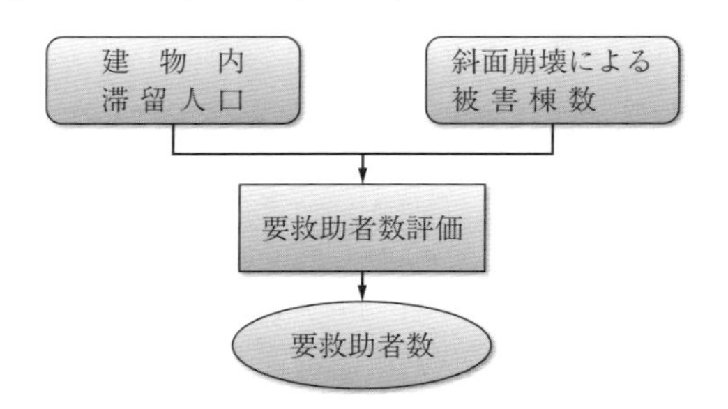

図 2.35　斜面崩壊による要救助者数予測のフローチャート

表 2.23　斜面崩壊による要救助数予測の入力・出力項目および設定条件

予測内容	項　目	内　　容
要救助者数	入力変数	斜面崩壊による被害棟数 建物内滞留人口
	予測式・手法	斜面崩壊による被害棟数と建物内滞留人口の積
	出力結果	要救助者数

コーヒーブレイク

自力脱出困難者と自助・共助

自力脱出困難者は，建物の倒壊によって下敷き・生埋めになった場合で，家族，消防団員や警察により救助される人のことであり，自力では脱出できない人のことである。

内閣府による南海トラフ巨大地震の人的被害予測において，最大のケースで死者約 32 万人，負傷者約 62 万人が発生する。それに加えて揺れによる建物被害に伴う要救助者（自力脱出困難者）は約 31 万人発生することが予測されている。また，内閣府による首都直下地震の人的被害予測では，最大で死者約 2 万 5 千人，負傷者約 13 万 3 千人が発生する。そして揺れによる建物被害に伴う要救助者（自力脱出困難者）は，約 5 万 8 千人発生すると予測されている。

このように自力脱出困難者は，死者数と同等以上の被害が発生する可能性がある。この人々は，救助されなかった場合は，死者になる可能性がある。

6 400 人以上の死者・行方不明者が発生した平成 7 年 1 月の阪神・淡路大震災では，地震によって倒壊した建物から救出され，生き延びることができた人の約 8 割が，家族や近所の住民などによって救出されており，消防，警察，および自衛隊によって救出された者は約2割であるという調査結果がある。

このことから，地域の助け合いが自力脱出困難者の生存率を上げることにつながるといわれている。この隣近所が助け合い，地域の安全を守ることが「共助」の一つである。

災害を軽減するためには，「自助，共助，公助」が重要であるといわれている。「自助」は自らの命は自分で守ること，「公助」は行政が個人や地域の取組を支援したり，「自助・共助」では解決できない大くくりの仕事になる。防災減災対策には，災害発生を予見する予防対策，災害発生に伴う応急対策，災害後の復旧・復興対策という三段階があり，いずれも「自助・共助・公助」の三つの力が連携することが重要である。

このように，自らの身は自分で守ること，隣近所が助け合って守ることなどが大切であり，それらが地域を守ることにもつながることになる。

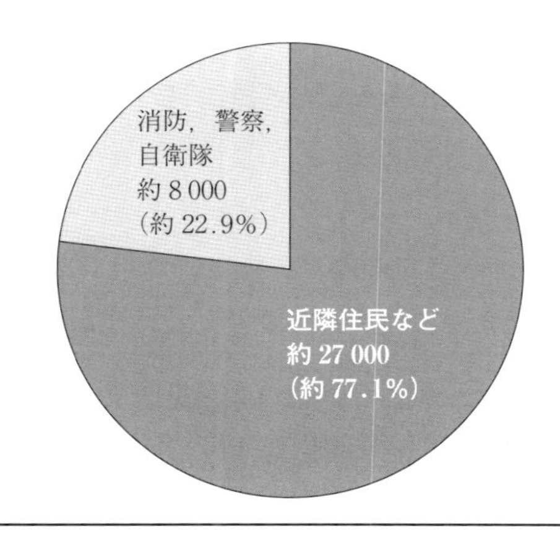

阪神・淡路大震災における救助の主体と救出者数（平成26年度防災白書）

2.5 津　波　被　害

2.5.1 津　波　被　害

津波の「津」とは，船着場や渡し場を示す港のことをいう。「津波」とは津＝港に押し寄せる，大きな波のことをいう。

津波は，地震に伴う海底地盤の隆起・沈降　また海底での地滑りなどにより，海水が上下に変動することによって発生する。発生した海水面の上下動が特に大規模なものであれば，海岸部に達した場合は破壊力の大きな津波となり被害を生じさせる。

日本周囲の海は，複数のプレートが重なる海溝やトラフが存在し，プレート間の大規模な地震では，大きな津波が発生するリスクが高い。そのため，日本の沿岸は，津波の被害を受けやすい地域になっている。

津波による被害は，死者やけが人などの人的災害と，建物損壊や船舶・港湾施設損壊などの物的被害である直接被害がある。また，浸水による営業停止，田畑や工場の冠水による生産停止などの間接的被害がある。

人的被害は，津波の大きさだけでなく地震発生時刻，市街地状況，避難状況などによって大きく異なる。建物被害は建築方法などによって異なるが，木造建物では浸水深 1 m 程度から部分的破壊を起こし始め，浸水深 2 m 程度で全面破壊に至る。しかし海水とともに船舶や木材などの漂流物の直撃があると，浸水深 50 cm 程度でも被害が出る可能性がある。

また，養殖用の筏の破損，漁船・漁具の流出などは，高さ 1 m 前後の津波でも発生する。津波の高さが 2 m 前後になると，これらに加えて流出した船舶や木材などが港湾施設，建物，橋などに衝突して破壊する二次災害も発生する。**表 2.24** は，津波波高と被害程度について示した。

表 2.24　津波波高と被害程度[30)]

<table>
<tr><th>津波波高〔m〕　1</th><th>2</th><th>4</th><th></th><th>8</th><th>16</th><th>32</th></tr>
<tr><td>木造家屋</td><td>部分的破壊</td><td colspan="5">全面破壊</td></tr>
<tr><td>石造家屋</td><td colspan="2">持ちこたえる</td><td colspan="2"></td><td colspan="2">全面破壊</td></tr>
<tr><td>鉄筋コンクリートビル</td><td colspan="3">持ちこたえる</td><td colspan="2"></td><td>全面破壊</td></tr>
<tr><td>漁　船</td><td></td><td>被害発生</td><td colspan="2">被害率 50%</td><td colspan="2">被害率 100%</td></tr>
<tr><td rowspan="2">防潮林</td><td colspan="2">被害軽微　漂流物阻止</td><td colspan="2">部分的被害</td><td colspan="2">全面的被害</td></tr>
<tr><td colspan="2">津波軽減</td><td colspan="2">漂流物阻止</td><td colspan="2">無効果</td></tr>
<tr><td>養殖筏</td><td colspan="6">被害発生</td></tr>
</table>

〔注 1〕 津波高〔m〕は，船舶，養殖筏など海上にあるものに対しては概ね海岸線における津波の高さ，家屋や防潮林など陸上にあるものに関しては地面から測った浸水深。

〔注 2〕 この表は津波の高さと被害の関係の一応の目安を示したもので，それぞれの沿岸の状況によっては，同じ津波の高さでも被害の状況が大きく異なる。

この表の津波波高〔m〕は，船舶・養殖筏など海上にあるものは海岸線における津波の高さ，建物や防潮林など陸上にあるものは地面から測った浸水深である。

東日本大震災の津波の被害は，地震発生前の被害想定をはるかに超える規模の津波であり，日本の過去数百年間の地震の発生からは想定できなかったマグニチュード 9.0 の規模の巨大地震が，広範囲の震源域をもつ地震として発生した。この地震により，場所によっては波高 10 m 以上，最大遡上高 40.1 m にも上る巨大な津波が発生し，東北地方と関東地方の太平洋沿岸部に壊滅的な被害が発生した。

津波による浸水範囲は，沿岸を中心に大きな地盤沈下が発生し，津波と地盤の低下が重なり，浸水面積は，全体で 561 km^2（青森県 24 km^2，岩手県 58 km^2，宮城県 327 km^2，福島県 112 km^2，茨城県 23 km^2 および千葉県 17 km^2）に達したと推計されている。被害は，人的被害が死者 19 225 人，行方不明者 2 614 人，負傷者 6 219 人であり，住家被害は，全壊 127 830 棟，半壊 275 807 棟，一部破損 776 671 棟，床上浸水 3 409 棟，床下浸水 10 217 棟（平成 27 年 3 月 1 日現在）[31)] であった。死者の 90% 以上が津波による溺死であった。

農業関係被害では，流失・冠水などの被害を受けた農地は，宮城県 15 000 ha，福島県 6 000 ha，岩手県 2 000 ha など，全体で 23 600 ha と推計されている。津波の被害の状況を**図 2.36**，**図 2.37** に示す。

内閣府の首都直下地震の被害想定[33)] によると，首都直下の M7 クラスの地震では，東京湾内での津波高は 1 m 以下である。また，相模湾から房総半島の首都圏域の太平洋沿岸に大きな津波をもたらした地震を想定した場合は，太平洋岸での津波は，地震により大きく異なるが場所によっては 10 m を超す高さのものもある。だが，この場合も東京湾内の津波の高さは，3 m 程度あるいはそれ以下であると想定されている。これは，浦賀水道が津波の入りにくい海底地形になっていることによる。しかし東京湾内近くには海抜ゼロメートル地帯もあることから，津波対策については，十分な検討をする必要がある。

太平洋側で想定する津波は，大正関東地震タイプの地震が発生すると神奈川

図 2.36　津波での被害　石巻市雄勝地区[32]

図 2.37　津波と津波火災による市街地被害　岩手県山田町[32]

県と千葉県の海岸周辺において震度 6 強以上の揺れとなり，地震から 5〜10 分以内で 6〜8 m 程度の高さの津波が想定され，耐震対策に加え，津波に対する迅速な避難などの検討が必要となる。

また，内閣府の南海トラフ地震の被害想定[34]では，防災対策を検討する基礎資料となる津波高については，震源ケースの津波高を重ね合わせたものとすることが適当であるとして満潮時で地殻変動を考慮すれば，津波高 10 m 以上が想定される地域は，東京都（島嶼部），静岡県，愛知県，三重県，和歌山県，徳島県，愛媛県，高知県，大分県，宮崎県，鹿児島県である。そのうち，津波高 20 m 以上が想定される地域は，東京都（島嶼部），静岡県，愛知県，三重県，徳島県，高知県であるとしている。被害の予測は，東海地方が大きく被災するケースとして，冬の深夜で早期避難率が低い場合は津波による死者が約224 000 人　津波による全壊が約 157 000 棟であるとしている。

2.5.2 津波の被害想定

〔1〕 **想定津波**　平成 23 年 3 月 11 日に発生した東日本大震災による甚大な津波被害を受け，内閣府中央防災会議専門調査会では，新たな津波対策の考え方を平成 23 年 9 月 28 日（東北地方太平洋沖地震を教訓とした地震・津波対策に関する専門調査会報告）に示した。そこでは，津波対策を構築するにあたっては，基本的に以下の二つのレベルの津波を想定することが必要であるとしている。

① L1 津波：比較的発生頻度の高い津波：　防波堤などの構造物によって津波の内陸への進入を防ぐ海岸保全施設などの建設を行う上で想定する津波

② L2 津波：最大クラスの津波：　住民避難を柱とした総合的防災対策を構築する上で想定する津波

被害想定においては，L1 津波，L2 津波についても検討し，L1 津波に対する津波対策として，護岸・堤防などの施設整備検討の目安となる「津波に対する必要堤防高」について検討する。また，L2 津波に対して総合的な防災対策を構築する際の基礎となる「津波浸水想定」を検討する。L1 津波と L2 津波の津波レベルと対策の基本的考え方を**表 2.25** に示す。

〔2〕 **津波浸水域の予測**　津波による沿岸地域の安全性・危険性を把握するには，津波浸水域を想定することが必要不可欠である。また，津波浸水想定は，避難体制の整備や土地利用規制といった各種施策の基礎情報である。

津波の浸水域予測は，まず津波痕跡高調査，津波堆積物調査，歴史記録・文献などを活用して，過去に発生した津波の実績津波高を整理し，発生が想定される津波の最高津波高の震源などを想定する。

そして，津波浸水シミュレーションは，対象地域の地形などの数値モデルを

表 2.25　津波対策を構築する想定するべき津波レベル[35)]

津波レベル	津波レベル	基本的考え方
最大クラスの津波（L2 津波）	発生頻度はきわめて低いものの，発生すれば甚大な被害をもたらす津波	○住民などの生命を守ることを最優先とし，住民の避難を軸にソフト・ハードのとりうる手段を尽くした総合的な対策を確立していく。 ○被害の最小化を主眼とする「減災」の考え方に基づき，対策を講ずることが重要である。そのため，海岸保全施設などのハード対策によって，津波による被害をできるだけ軽減するとともに，それを超える津波に対しては，ハザードマップの整備や避難路の確保など，避難することを中心とするソフト対策を実施していく。
比較的発生頻度の高い津波（L1 津波）	最大クラスの津波に比べて発生頻度は高く，津波高は低いものの大きな被害をもたらす津波（数十年から百数十年の頻度）	○人命・住民財産の保護，地域経済の確保の観点から，海岸保全施設を整備していく。 ○海岸保全施設については，比較的発生頻度の高い津波に対して整備を進めるとともに，設計対象の津波高を超えた場合でも，施設の効果が粘り強く発揮できるような構造物への改良も検討していく。

作成し，想定地震波源のモデルを設定し，1）波源による地盤の変動を計算し 2）外洋から沿岸への津波の伝播・到達　3）沿岸から陸上への津波の遡上，という一連の過程を連続して数値計算する。

津波浸水域予測のフローチャート，さらには入力・出力項目および設定条件をそれぞれ**図 2.38**，**表 2.26** に示す。

〔3〕 **津波による建物全半壊棟数予測**　津波による建物被害は，建物の位置・構造種別のデータと，建物位置における津波浸水深による建物損害率関係から予測する。津波建物被害棟数予測のフローチャート，さらには入力・出力項目および設定条件を**図 2.39**，**表 2.27** に示す。

津波の浸水域の予測と建物データから，浸水深による建物損傷曲線により建物被害予測を行う。

浸水深による建物損傷曲線は，木造と非木造の構造別で損害率が異なるため，これを分けて実施する。また建物立地場所が，人口集中地区とそれ以外の地区とに分けて予測を行う。人口集中地区では，それ以外の地区と比較して浸水深が浅いところでも全壊率，全半壊率ともに高くなっているためである。こ

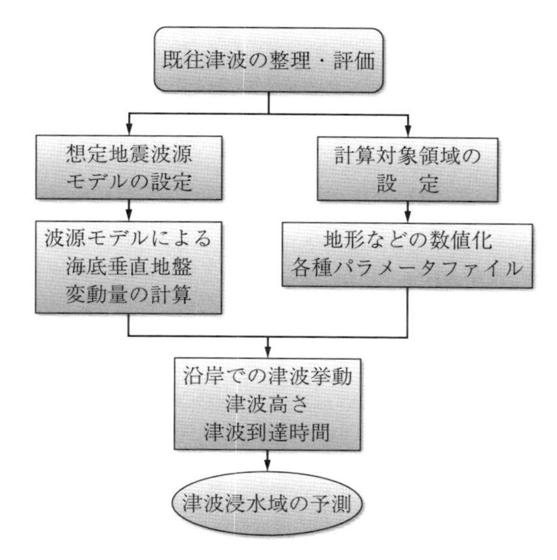

図 2.38 津波浸水域予測のフローチャート

表 2.26 津波浸水域予測のための入力・出力項目および設定条件

予測内容	項　目	内　　容
津波浸水域	入力変数	既往の津波記録の整理・評価 ・地震の規模（マグニチュード） ・津波高
	設定条件	想定地震波源モデルの設定 ・震源の特性（震源深さ，地震タイプ） ・海底地盤の変位量 計算領域の設定 ・地形の数値化
	予測式・手法	津波運動方程式
	出力結果	津波浸水域 ・浸水面積 ・浸水深 ・到達時間

れは，津波被害を受けた地域のうち，人口集中地区のほうが船舶・建築物の漂流物が多く，波力の増大によって建物被害率が高くなることによる。この結果を踏まえて人口集中地区とそれ以外の地区で異なる被害率曲線[36)]を用いる。

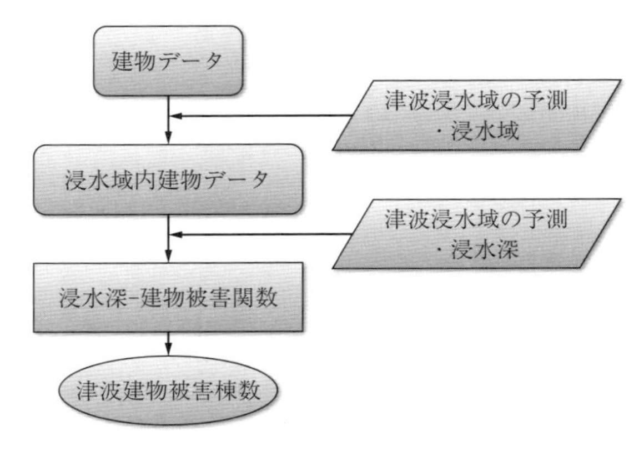

図 2.39　津波建物被害棟数予測のフローチャート

表 2.27　津波建物被害棟数予測のための入力・出力項目および設定条件

予測内容	項　目	内　容
津波建物被害数	入力変数	建物データ ・浸水域内建物データ
	設定条件	津波浸水域 ・浸水域 ・津波深
	予測式・手法	浸水深-建物被害関数
	出力結果	津波建物被害棟数

この被害率曲線を，人口集中地区（図(a)）とそれ以外（図(b)）に分けて**図 2.40** に示す。

〔4〕 **津波による死傷者数予測**　　津波による死傷者数は，津波浸水域において津波が到達する時間（浸水深 30 cm 以上）までに避難が完了できなかった人々が津波に巻き込まれたものとする。そして，津波に巻き込まれた人（津波避難未完了率）のそこでの浸水深により死亡か負傷かを判定する。

津波による死傷者数の予測フローチャートを**図 2.41** に示す[37]。そのフローチャートにおける必要項目の一覧表を**表 2.28** に示す。

津波浸水域において津波到達時までに避難できるかは，地震発生後において

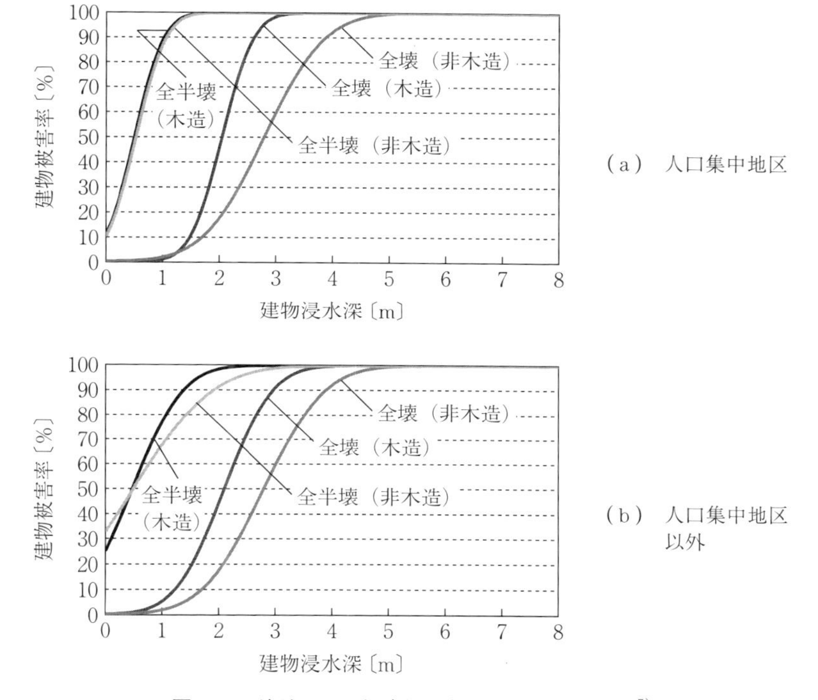

図 2.40 津波による浸水深ごとの建物被害率曲線[7)]

「避難を行ったか」,「いつ避難開始したか」といった避難行動の違いと避難場所までの距離などにより判断する。

避難行動の違いは，① 全員が発災後すぐに避難した場合　② 避難呼びかけがあり早期避難者比率が高い場合　③ 早期避難者比率が高い場合　④ 早期避難者比率が低い場合，に分け，その行動別の割合を**表 2.29** のように設定する。

津波到達時間までに避難できない人の割合を避難未完了率とする。避難完了所要時間は，地震発生時の所在地から避難場所などの安全な場所まで避難完了できない人の割合を考え，避難場所までの避難距離を避難速度（東日本大震災の実績から平均時速 2.65 km/h と設定）で割って算出する。なお，避難開始時間は，昼間の地震発災時は，直接避難者で発災 5 分後，用事後避難者で 15 分後とし，切迫避難者は当該メッシュに津波が到達してから避難するものとし

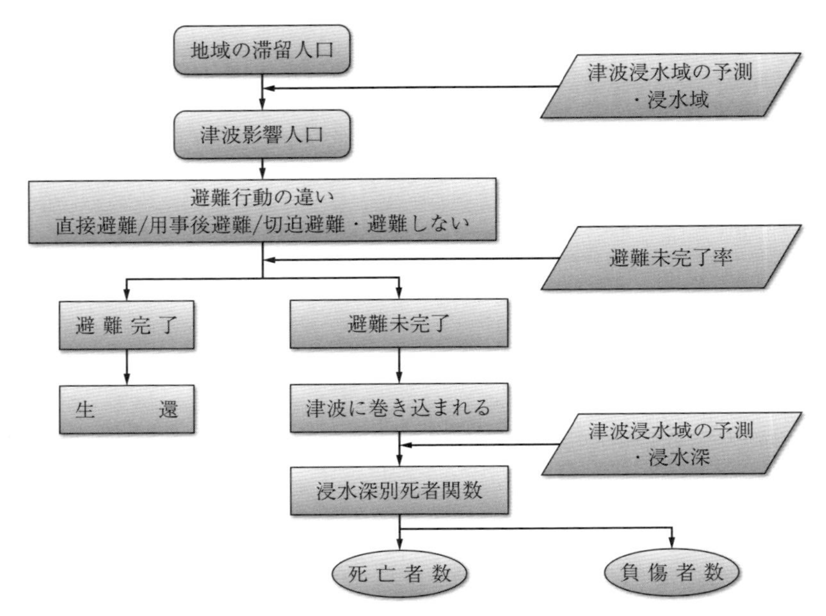

図 2.41　津波による死傷者数予測のフローチャート[37)]

表 2.28　津波による死傷者数の予測のための入力・出力項目および設定条件

予測内容	項　目	内　　　容
津波死傷者数	入力変数	地域の滞留人口 ・津波影響人口
	設定条件	避難行動 ・避難行動の違い ・避難速度 ・避難場所 ・津波到達時間
	予測式・手法	津波未完了率 ・避難距離 ・避難完了時間
	出力結果	津波による死者数・負傷者数

表 2.29 避難の有無，避難開始時期の設定[37)]

		避難行動別の比率		
		避難する		切迫避難あるいは避難しない
		すぐに避難する（直接避難）	避難するがすぐには避難しない（用事後避難）	
①	全員が発災後すぐに避難を開始した場合	100%	0%	0%
②	早期避難者比率が高い場合（避難呼びかけ）	70%	30%	0%
③	早期避難者比率が高い場合	70%	20%	10%
④	早期避難者比率が低い場合	20%	50%	30%
⑤	東日本大震災における実績*を反映	6%	0%	94%

* 東日本大震災時の高知県内の避難実績。

て考える。

避難未完了者の浸水深別死者率は，浸水深 30 cm 以上で死者が発生し，浸水深 1 m で全員死亡という正規分布の累積分布関数を用いて，死亡者数を予測する。死亡者以外（生存と想定される人）は負傷者とし，浸水深 30 cm 未満の避難未完了者は巻き込まれても負傷しないものとして予測する。その津波浸水深別の死亡率曲線を**図 2.42** に示す[37)]。

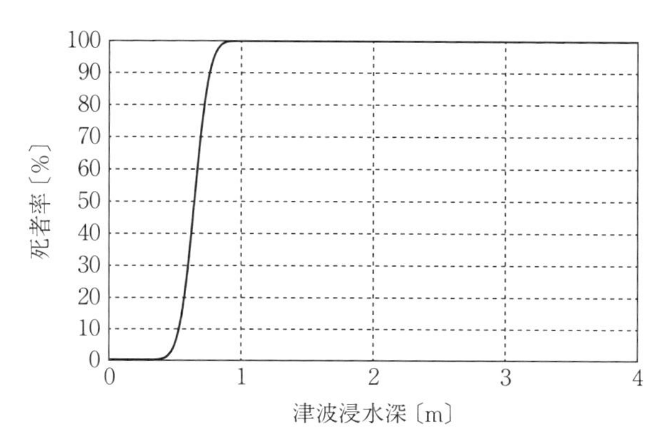

図 2.42 津波による浸水深ごとの死者率[36)]

コーヒーブレイク

津波人的被害予測と災害対応

日本の地震被害において津波による被害は多々発生している。近い将来において非常に高い確率で発生する南海トラフ巨大地震のような日本近海を震源とする地震では，地震発生から津波の到達までの時間は限られている。よって，この限られた時間に避難行動などの対応を行えば，津波による人的被害を最小限に抑えることが可能になる。

内閣府の南海トラフ巨大地震の被害想定では，最悪のケースでは，22 万 4 000 人が津波による死者の予測がされているが，津波に対する防災対策として ① 避難意識の啓発，② 津波避難ビルの指定・整備 ③ 堤防・水門の耐震性の強化により 被害を大きく減らすことができるとしている。

避難意識の啓発では，「早期避難率が低い」場合と「早期避難率が高く効果的な呼びかけがあった」場合を比較すると，津波による死者数に約 2.0〜8.6 倍の差が出ることが予測されている。また，「早期避難率が低い」場合と「全員が発災後すぐに避難を開始した」場合を比較すると，津波による死者数に約 2.6〜13.5 倍の差が予想されている。

このことからも，住民などが自主的かつ迅速に避難するための意識啓発・防災教育，避難計画策定が重要になってくる。

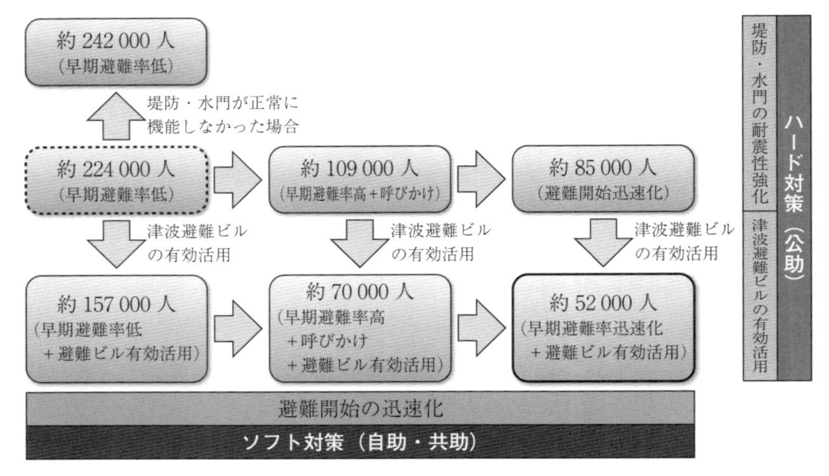

中央防災会議防災対策推進検討会議南海トラフ巨大地震対策検討ワーキンググループ
南海トラフ巨大地震の被害想定について（第一次報告）平成 24 年 8 月 29 日
http://www.bousai.go.jp/jishin/nankai/taisaku_wg/pdf/20120829_higai.pdf

津波避難ビルの指定・整備では，津波避難ビルが津波避難に効果的に活用できるかどうかにより，死者数に約 1.2～1.9 倍の差が想定される（地震動は基本ケース，冬深夜の場合，平成 23 年 10 月現在）。このことからも，今後，津波避難ビルなどの指定・整備を推進する必要があることがわかる。

堤防・水門の耐震性の強化では，堤防・水門が地震動によりその一部が機能しなくなるかどうかにより，建物全壊棟数と死者数にそれぞれ約 1.1 倍の差が想定される。このことからも，堤防や水門の点検を行い，必要な整備を推進する必要があるとされている。

南海トラフ巨大地震の被害想定における一例として，東海地方が大きく被災するケースでは，図のように，これらの防災対策を実施することにより，約 22 万 4 000 人の死者が，最大で約 5 万 2000 人に低減する可能性を示している。

引用・参考文献

1） 地震調査研究推進本部：防災・減災のための素材集，地震調査研究推進本部ホームページ
http://www.jishin.go.jp/materials/

2） 内閣府　首都直下地震モデル検討会：首都直下の M7 クラスの地震及び相模トラフ沿いの M8 クラスの地震等の震源断層モデルと震度分布・津波高等に関する報告書（平成 25 年 12 月）
http://www.bousai.go.jp/kaigirep/chuobou/senmon/shutochokkajishinmodel/

3） 気象庁：平成 23 年（2011 年）東北地方太平洋沖地震　推計震度分布
http://www.data.jma.go.jp/svd/eqev/data/2011_03_11_tohoku/201103111446_suikei.png

4） 国土交通省関東地方整備局，公益社団法人地盤工学会：東北地方太平洋沖地震による関東地方の地盤液状化現象の実態解明　報告書（平成 23 年 8 月）
http://www.ktr.mlit.go.jp/bousai/bousai00000061.html

5） 佐藤真吾，風間基樹，大野　晋，森　友宏，南　陽介，山口秀平：2011 年東北地方太平洋沖地震における仙台市丘陵地造成宅地の被害分析―盛土・切盛境界・切土における宅地被害率と木造建物被害率―，日本地震工学会論文集，15 巻，2 号，pp.97-126（平成 27 年）

6） 司　宏俊，翠川三郎：断層タイプ及び地盤条件を考慮した最大加速度・最大速度の距離減衰式，日本建築学会構造系論文集，523 号，pp.63-70（平成 11 年）

7) 内閣府政策統括官（防災担当）:「表層地盤のゆれやすさ全国マップ」について（平成 17 年 10 月）
http://www.bousai.go.jp/kohou/oshirase/h17/yureyasusa/
8) 岩崎敏男，龍岡文夫，常田賢一，安田　進：地震時地盤液状化の程度の予測について，土と基礎，Vol.28，No.4，pp.23-29（1980）
9) 東京都：首都直下地震による東京の被害想定報告書（平成 18 年）
http://www.bousai.metro.tokyo.jp/taisaku/1000902/1000422.html
10) 宇佐美龍夫：新編日本被害地震総覧，東京大学出版会（昭和 62 年）
11) 建設省建築研究所：平成 7 年兵庫県南部地震被害調査最終報告書，第 I 編中間報告書以降の調査分析結果（平成 8 年 3 月）
http://www.kenken.go.jp/japanese/research/iisee/list/topics/hyogo/pdf/h7-hyougo-jp-all.pdf
12) 消防庁災害対策本部：平成 23 年（2011 年）東北地方太平洋沖地震（東日本大震災）について（第 152 報）（平成 27 年 9 月 9 日）
http://www.fdma.go.jp/bn/higaihou_new.html
13) 国土政策局国土情報課：東北地方太平洋沖地震における津波被害市区町村の浸水被害建物数計測について（平成 23 年 8 月）
http://www.mlit.go.jp/common/000162412.pdf
14) 公益社団法人日本火災学会：2011 年東日本大震災　火災等調査報告書【要約版】（2015 年 3 月）ISBN978-4-9908304-0-3
15) 内閣府　首都直下地震対策検討ワーキンググループ：首都直下地震の被害想定と対策について（最終報告）—人的・物的被害（定量的な被害）—（平成 25 年 12 月）
http://www.bousai.go.jp/jishin/syuto/taisaku_wg/
16) 内閣府　南海トラフ巨大地震対策検討ワーキンググループ：南海トラフ巨大地震の被害想定について（第一次報告）（平成 24 年 8 月 29 日）
http://www.bousai.go.jp/jishin/nankai/taisaku_wg/
17) 岡田成幸，高井伸雄：地震被害調査のための建物分類と破壊パターン，日本建築学会構造系論文集，524 号，pp.65-72（平成 17 年）
18) 東京都：東京における直下地震の被害想定に関する調査報告書（平成 19 年）
19) 静岡県：第 3 次地震被害想定結果（平成 15 年）
https://www.pref.shizuoka.jp/bousai/e-quakes/shiraberu/higai/soutei/houkokusho.html
20) 日本火災学会：1995 年兵庫県南部地震における火災に関する調査報告書（平

成 8 年 11 月）
21） 日本火災学会：2011 年東日本大震災　火災等調査報告書【要約版】（平成 27 年 3 月）ISBN978-4-9908304-0-3
22） 地震調査研究推進本部：防災・減災のための素材集，地震調査研究推進本部ホームページ
http://www.jishin.go.jp/materials/
23） 内閣府　首都直下地震対策検討ワーキンググループ：首都直下地震の被害想定と対策について（最終報告）―人的・物的被害（定量的な被害）―（平成 25 年 12 月）
http://www.bousai.go.jp/jishin/syuto/taisaku_wg/
24） 内閣府　日本海溝・千島海溝周辺海溝型地震に関する専門調査会：日本海溝・千島海溝周辺海溝型地震の被害想定（平成 18 年）
http://www.bousai.go.jp/kaigirep/chuobou/senmon/nihonkaiko_chisimajishin/index.html
25） 内閣府　首都直下地震対策専門調査会：首都直下地震の被害想定（平成 17 年）
http://www.bousai.go.jp/kaigirep/chuobou/senmon/shutochokkajishinsenmon/
26） 群馬県：群馬県地震被害想定調査報告書（平成 10 年）
27） 国土開発技術研究センター：建設省総合技術開発プロジェクト　都市防火対策手法　成果集成版（昭和 58 年）
28） 国土技術政策総合研究所，独立行政法人建築研究所：平成 23 年（2011 年）東北地方太平洋沖地震被害調査報告（平成 24 年 3 月）
http://www.nilim.go.jp/lab/bcg/siryou/tnn/tnn0674.htm
29） 翠川三郎，佐伯琢磨：オフィスビル群における地震時の室内負傷者発生予測，日本建築学会構造系論文集，476 号，pp.49-56（平成 7 年）
30） 気象庁：津波高と被害程度
http://www.jma.go.jp/jma/kishou/know/faq/faq26.html#tsunami_3
31） 消防庁災害対策本部：平成 23 年（2011 年）東北地方太平洋沖地震（東日本大震災）について（第 151 報）（平成 27 年 3 月 9 日）
http://www.fdma.go.jp/bn/higaihou/pdf/jishin/151.pdf
32） 消防科学総合センター：災害写真データベース
http://www.saigaichousa-db-isad.jp/drsdb_photo/photoSearch.do
33） 内閣府　首都直下地震対策検討ワーキンググループ：首都直下地震の被害想定と対策について（最終報告）（平成 25 年 12 月）
http://www.bousai.go.jp/jishin/syuto/taisaku_wg/pdf/syuto_wg_report.pdf

34）内閣府　防災対策推進検討会議　南海トラフ巨大地震対策検討ワーキンググループ：南海トラフ巨大地震の被害想定について（第一次報告）（平成 24 年 8 月 29 日）
35）静岡県：津波浸水想定について（解説）
http://www.pref.shizuoka.jp/bousai/4higaisoutei/documents/kaisetsu.pdf
36）内閣府：南海トラフの巨大地震建物被害・人的被害の被害想定項目及び手法の概要（平成 24 年 8 月 29 日）
http://www.bousai.go.jp/jishin/nankai/taisaku_wg/pdf/20120829_gaiyou.pdf
37）高知県：南海トラフ巨大地震による被害想定　被害想定の計算方法（平成 25 年 5 月 15 日）
http://www.pref.kochi.lg.jp/soshiki/010201/fils/2013051500465/2013051500465_www_pref_kochi_lg_jp_uploaded_attachment_95462.pdf

社会的被害と被害想定

前章の，地震による人的・物的被害に関する被害概要と被害想定手法につづき，地震による社会的被害として，ライフライン被害と，地震によって発生する避難者や特に都市部で顕著に発生する帰宅困難者に関して，被害概要と被害想定手法を述べる。この被害は，地域生活者にとって，物的被害ではないがこれらの被害が原因となって社会生活に大きな影響を与える被害である。また，被害想定手法にはいくつかの手法があるが，ここで紹介しているのはその代表的なものである。

3.1　ライフラインの被害

3.1.1　ライフラインの地震被害

現在の社会における生活・経済・社会システムは，電気，上下水道，ガス，通信，道路などといったライフラインに大きく依存している。したがって，地震によるライフラインの停止などの被害は，直接的・間接的に大きな影響を及ぼす。

電気が停止すると，日常生活や業務で使用する電気器具が停止し，情報の入手も電池を使ったラジオしかなくなり，電話などもほとんどが電源を必要とするため通じなくなる。また，オフィスやマンションの給水ポンプは動かなくなり，屋上にある給水タンクの水がなくなれば飲料やトイレの水も使えなくなる。

上水道の停止は，飲料以外に風呂はもちろん，炊事や洗濯にも支障をきたす。また，水が出なければ，水洗トイレは使えない。

ガスが停止すれば，お湯を沸かしたり，料理や暖房のための熱源の使用が困難になる。また，風呂は沸かせないことが多い。

道路の被害は，倒壊した建物，陥没道路により道路が寸断され，物資・救助隊員の輸送が難しくなり，救急・救援業務に支障が発生し，避難所には物資が届かない状況になる。

東日本大震災では，上下水道，電気，ガス，通信，道路などのライフラインに甚大な被害が発生した。地震直後に東日本を中心に，水道は約220万戸以上が断水[1]，電気は約870万戸が停電[2]，都市ガスは約46万戸が供給停止，通信は固定通信では約190万回線が被災し最大80〜90%の通信を規制，移動通信では約3万基地局が停止して最大70〜95%の通信規制[3]となった。道路は，高速道路15路線，直轄道路69区間，都道府県等管理国道102区間，都道府県道など539区間で通行止めであった。道路の被害の様子を**図3.1**に示す。鉄道は，3月13日15：00時点で，東北，山形，秋田の各新幹線を含め，23社66路線が，運行休止となった[4]。港湾施設は，防波堤の構造物（ケーソン）が津波の押し波，引き波に繰り返しさらされることによって倒壊，津波の衝撃によって港湾岸壁が破損，地震の揺れによって桟橋や陸揚げ場にひびが入る，地盤沈下のために港湾岸壁や港湾区域内の道路が水没したり高潮時に冠水，などの被害で使用不可能となった。港湾の被害の状況を**図3.2**に示す。

間接的な被害では，小売店は地震発生直後に被災地にある総合スーパーマー

図3.1　地震で崩壊した道路[5]

図3.2　地震と津波によって崩壊した岸壁[6]

ケットの約3割，コンビニ店舗の4割強など数多くの店舗が営業停止になった。銀行は東北6県および茨城県に本店のある72金融機関の営業店約2 700の約10%に相当する約280が閉鎖した。郵便局も岩手県，宮城県，福島県で1 103局のうち，約53%（583局）が営業停止，配達エリアの301エリアのうち約15%が配達業務を実施できない状況になった。

首都直下地震の被害想定では，地震発生直後は，電力は都市区部の約5割が停電し，供給能力は5割程度になり1週間以上供給が不安定な状況が続く。また通信は，固定電話・携帯電話共に9割の通話規制が1日以上継続され，携帯基地局の非常用電源が切れると停波になる。地下鉄は1週間，私鉄・JR在来線は1箇月程度の運行停止になる可能性が高いとされている。主要幹線道路は，緊急交通路として使用され，一般道は瓦礫や放置車両などで交通麻痺が発生する。燃料供給は，非常用発電機用の重油を含め，軽油，ガソリン，灯油とも末端までの供給が困難になるとされている。

東日本大震災（図(a)）と阪神・淡路大震災（図(b)）のライフラインの被害と復旧に関する様子を**図3.3**に示す。

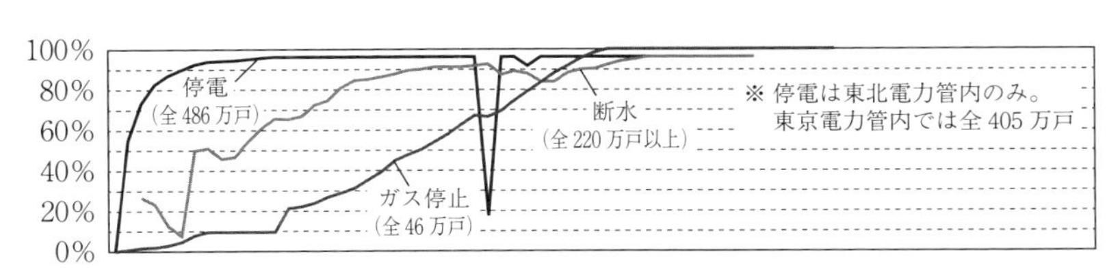

（a）　東日本大震災（2011年）

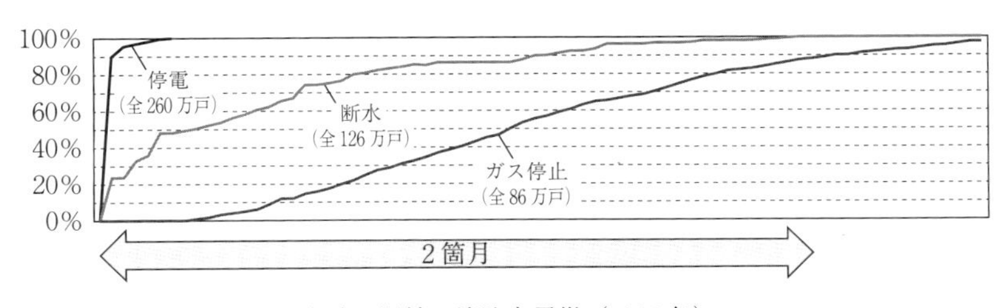

（b）　阪神・淡路大震災（1995年）

図3.3　ライフラインの被害・復旧[7)]

3.1.2 ライフラインの被害想定

〔1〕 **上水道の被害予測**　上水道の被害は，(a) 浄水場の津波浸水，(b) 停電による給水施設の停止，(c) 地震の揺れによる管路被害が考えられる。

(**a**) **浄水場の津波浸水**　浄水場が津波により浸水する場合は，供給エリアで断水が発生する。浄水場の位置と津波浸水域の結果から，浄水場に少しでも浸水があれば浄水場の供給エリアで断水が発生する。また，浸水した浄水場は，東日本大震災における実例を基に60日で復旧するものとしている。

(**b**) **停電による給水施設の停止**　浄水場やそこを含む地域が停電する場合は，その浄水場の上水道の供給エリアで断水が発生すると考えられる。しかし，浄水場などの重要施設は非常用発電の整備が進められており，かつ配電系統の切替えなどにより，優先的に電力が回復されることが見込まれる。復旧期間は，停電期間の予測に従うものとする。**図3.4**に津波と停電による上水道の断水人口予測フローチャートを示す。

(**c**) **地震の揺れによる管路被害**　地震の揺れによる上水道の管路被害による断水の影響は，管路の属性情報の「管種・継手」，「口径」，「布設されてい

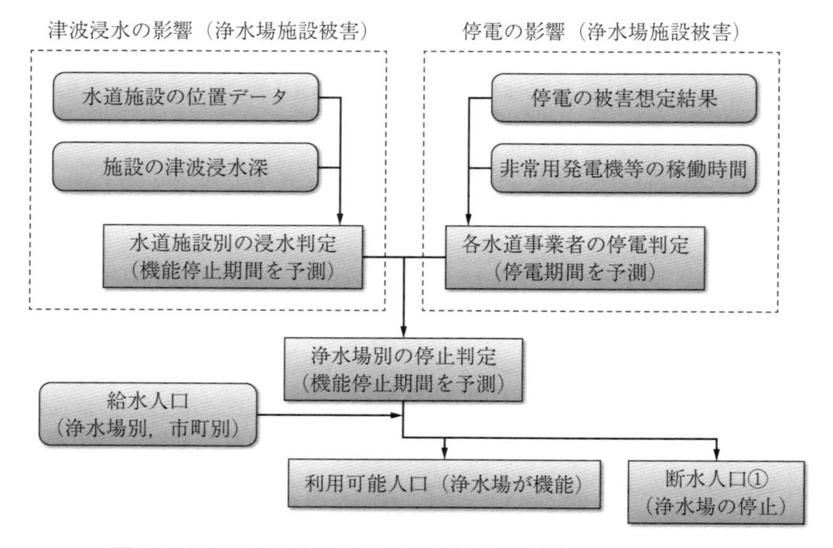

図3.4　浄水場の津波・停電による断水人口予測のフローチャート

る箇所の微地形分類」と，地震動の予測結果から求められた地表最大速度により，地震発生時に管路 1 km に対する被害箇所数を表す「管路の推定被害率〔件/km〕」を算出する。このフローチャート，さらには入力・出力項目および設定条件をそれぞれ**図 3.5**，**表 3.1** に示す。また，この配水管被害率の関係式を**図 3.6** に示す。この管路の推定被害率から，**図 3.7** に示す管路の推定被害率と断水率の関係を用いて断水人口率を予測する。

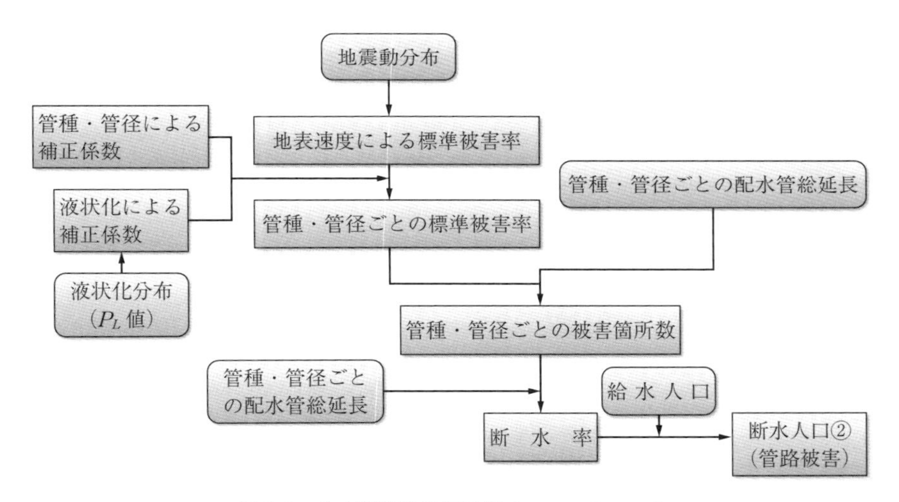

図 3.5　上水道管路被害予測のフローチャート

上水道の復旧は，下記の復旧過程の予測関数[8)]を用いて予測する。

$$Y = a(X - ds) + b$$

ここで，Y：断水率（断水人口/給水人口），a：**表 3.2** の配水管の被害箇所数によって決まる復旧速度（断水率/日），X：地震発生からの経過日数（地震発生日において，$X = 0$），ds：**図 3.8** に示すステップ関数によって決まる復旧作業開始までに必要な日数（復旧作業開始日），b：地震直後の断水率，である。復旧作業開始までに必要な日数（復旧作業開始日）は，図 3.8 に示すグラフが階段状になる実関数であるステップ関数で求める。

〔2〕 **停電軒数予測**　停電軒数などの予測においては，(a) 揺れなどによる電線被害，(b) 火災による電線被害，(c) 津波による電線被害，を考慮

表 3.1　上水道管路被害の予測のための入力・出力項目および設定条件

予測内容	項　目	内　　　容
津波・停電による上水道被害予測（浄水場被害）	入力変数	水道施設位置データ 津波浸水深 停電の被害予測 給水人口
	設定条件	水道施設別浸水判定 ・機能停止期間 水道事業者別停電判定 ・停電期間
	予測式・手法	浄水場機能停止期間-浄水場別給水人口関係
	出力結果	津波による断水人口
予測内容	項　目	内　　　容
地震動による上水道管路被害予測	入力変数	地震動分布 液状化分布
	設定条件	管種・管径ごとの給水管延長 給水人口
	予測式・手法	地表面速度による標準被害率 管種・管径ごとの標準被害率 断水率
	出力結果	地震動による断水人口

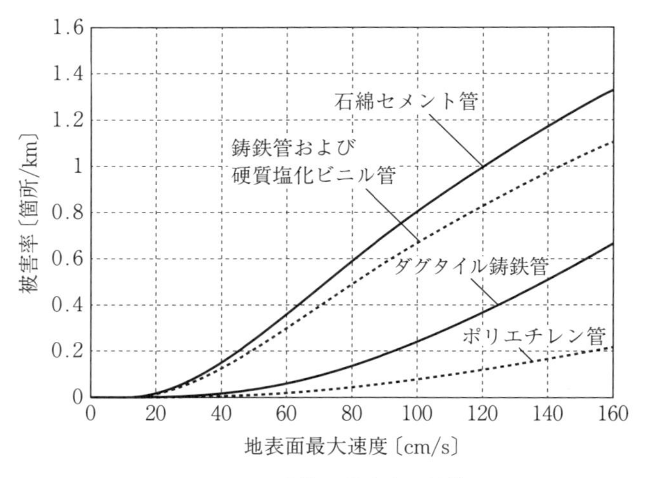

図 3.6　配水管の被害率関数[8)]

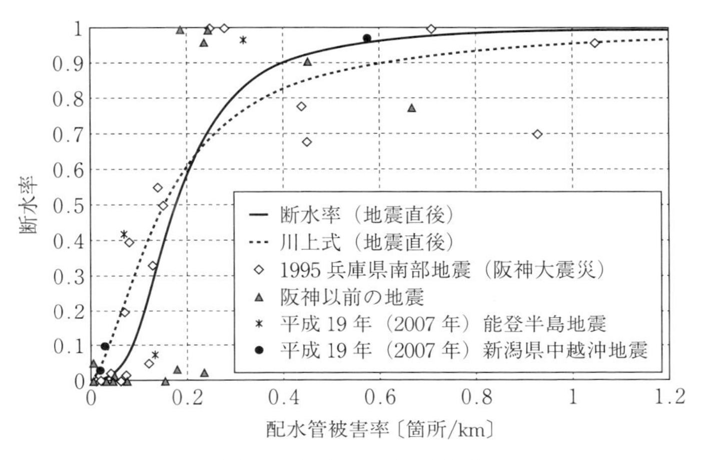

図 3.7　断水率の予測関数 8)

表 3.2　配水管の被害箇所数と復旧速度 8)

配水管被害箇所数	復旧速度 a
1 000 箇所以上	− 0.023
100 箇所以上	− 0.035 4
100 箇所未満	− 0.125

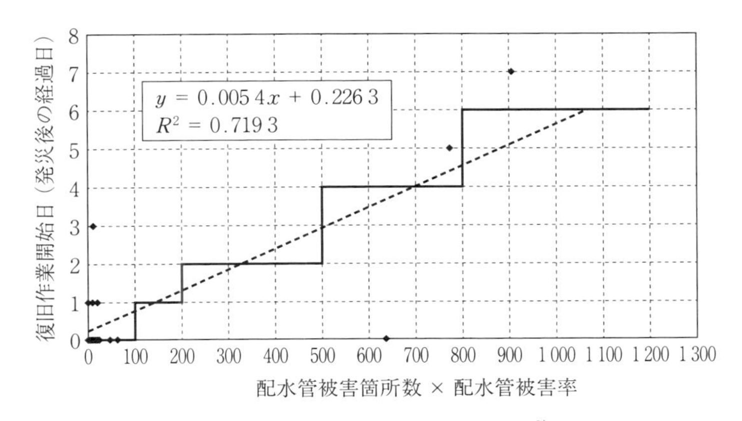

図 3.8　復旧作業開始日の予測関数 8)

して考える。また，停電は，電力の需要と供給のバランスが崩れることによっても発生する。そのため，地震により発電所が停止したり，電力供給に支障が発生した場合，需要が供給力を上回ることにより需要バランスが崩れ，周波数が低下し広範囲にわたって停電が発生する。

この津波浸水の影響による電線被害予測のフローチャートを**図3.9**に，揺れと火災による電線被害予測のフローチャートを**図3.10**に，さらに入力・出力項目および設定条件を**表3.3**に示す。

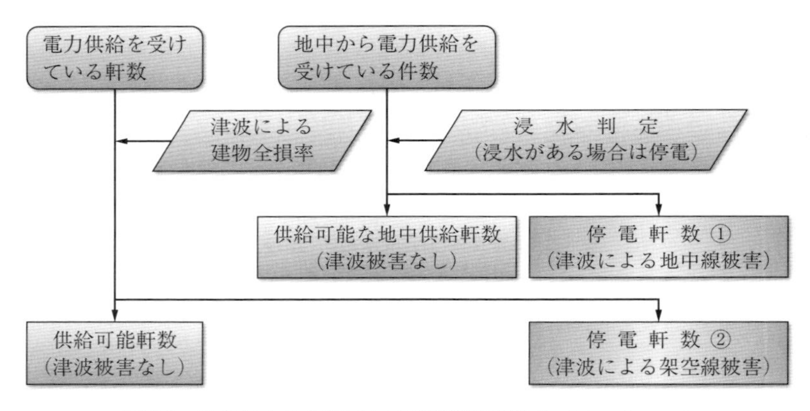

図3.9　津波浸水の影響による電線被害予測のフローチャート

（a） 揺れなどによる電線被害　津波による浸水域および火災による延焼範囲以外は，地震の揺れによる電線被害として考える。架空線被害の揺れによる被害は，「建物倒壊による巻き込まれ」および「揺れによる電柱被害」として予測する。これは，倒壊した建物に巻き込まれて折損する電柱率，電柱そのものの揺れによる折損率になる。

建物の倒壊被害に巻き込まれることによる電柱被害本数は

電柱被害本数 ＝ 電柱本数 × 建物全壊による電柱折損率
× 木造建物全壊率

（木造建物全壊率 ＝ 木造建物全壊棟数/木造建物数）

であり，阪神・淡路大震災の実態により，建物全壊による電柱折損率 ＝ 0.171 55

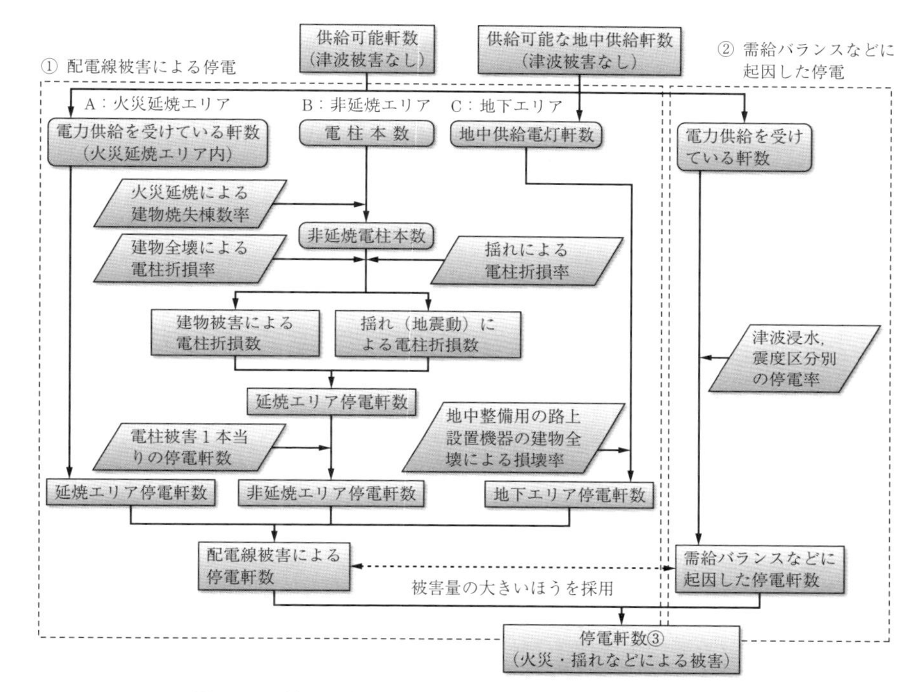

図 3.10 揺れと火災による電線被害予測のフローチャート

として算出する。

揺れによる電柱被害本数は

電柱被害本数 = 電柱本数 × 揺れによる電柱折損率

ここで，揺れによる電柱折損率は，**表 3.4** のようになる。停電件数は

停電軒数 = 電柱被害本数 × 電柱被害 1 本当りの停電軒数

により求める。

電柱被害 1 本当りの停電軒数は，兵庫県南部地震の実態より

対象地域における電柱被害に関する停電比

= 停電回線比 × 配電係数 × 電灯軒数/配電線数

= 0.143 × ((配電線数/電柱本数)/1.303 × 100) × 電灯軒数/配電線数

= 0.143 × 電灯軒数/電柱本数/1.303 × 100

= 電灯軒数/電柱本数 × 10.975 ≒ 29.22

表3.3　電線被害の予測のための入力・出力項目および設定条件

予測内容	項　目	内　　容
津波浸水による電線被害の停電	入力変数	電力供給軒数 ・電柱による供給 ・地中からの供給
	設定条件	津波による建物全壊数 津波浸水域
	予測式・手法	浸水停電判定
	出力結果	電力供給可能軒数 停電軒数
予測内容	項　目	内　　容
地震動による電線被害の停電	入力変数	電力供給可能軒数 ・津波被害なし軒数 ・地中から供給可能軒数 電柱本数
	設定条件	火災延焼による建物焼失軒数 延焼エリア停電軒数 電柱1本当りの供給軒数
	予測式・手法	建物全壊による電柱折損率 地震動による電柱折損率 地中供給用設備の建物全壊による損壊率 津波・震度区分別の停電率
	出力結果	配電線被害による停電軒数 需要バランスによる停電軒数 停電軒数

表3.4　揺れによる電柱折損率[9)]

区　分	揺れによる電柱折損率
震度7	0.8%
震度6	0.056%
震度5	0.000 05%

より数値は，「29.22」となっている。

(b)　火災による電線被害　　火災による電線被害は，火災による建物焼失率と同様の割合で停電が発生するものとして，火災による配電線（架空線）被害を予測する。

火災による配電線被害では，電柱が被害を受けるため延焼エリアは停電するものとする。また，延焼範囲は一定期間需要がなくなることが想定されるため，そのエリアの復旧想定は考えない。

火災による停電率は

火災による建物全焼率 = 焼失建物数/全建物数

火災による建物全焼率 = 火災による停電率

として考える。

（c）　津波による電線被害　津波による電線被害は，津波による建物全壊率と同様の割合で停電が発生するものとして予測する。津波による配電線（地中線）被害は，地上機器が被害を受けるため，浸水エリアでは停電するものとして予測する。また，津波による被害を受けた範囲は，一定期間は需要がなくなることが想定されるため復旧想定は考えない。

津波による停電率は

津波による建物全壊率 = 津波による建物全壊数/全建物数

津波による建物全壊率 = 津波による停電率

として考える。

電力の復旧日数は，兵庫県南部地震の電気復旧の実績を参考とする。兵庫県南部地震では，**図 3.11** のように，地震発生後 24 時間までは電力系統の遠隔操作で復旧が進み，地震発生後 24 時間以後に配電の復旧作業が始まった。ただし，兵庫県南部地震では通電時に漏電し，火災が発生したことを踏まえて現在は電力の供給再開では，需要家立会いの下，点検作業を実施することとしている。また，復旧にあたっては各病院や上水道など重要施設を優先することから，一般の需要家の復旧は長くなる可能性が高い。

〔3〕　道路の被害予測

（a）　揺れによる道路被害　揺れによる道路被害としては，高速道路，国道および主要地方道の被害と細街路（幅員 13 m 未満の一般道）の閉塞率を予測する。高速道路，国道および主要地方道の被害は，**図 3.12** のフローチャートに沿って想定する。入力・出力項目および設定条件を**表 3.5** に示す。

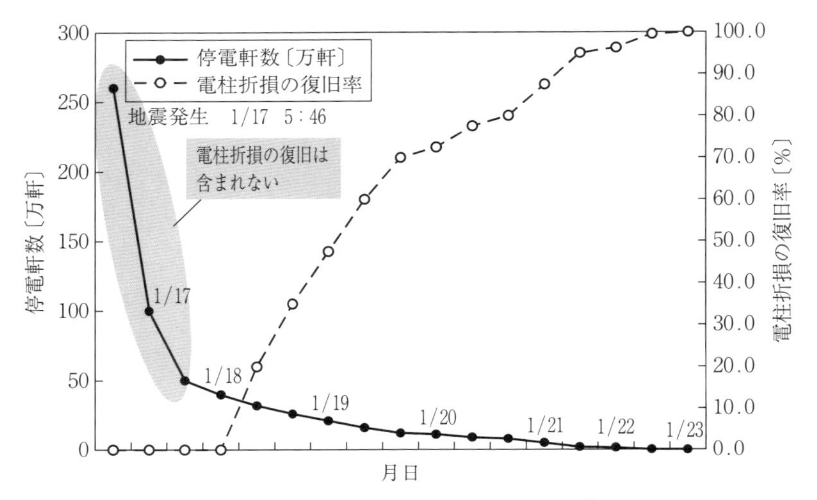

図 3.11　兵庫県南部地震時の電力復旧[9)]

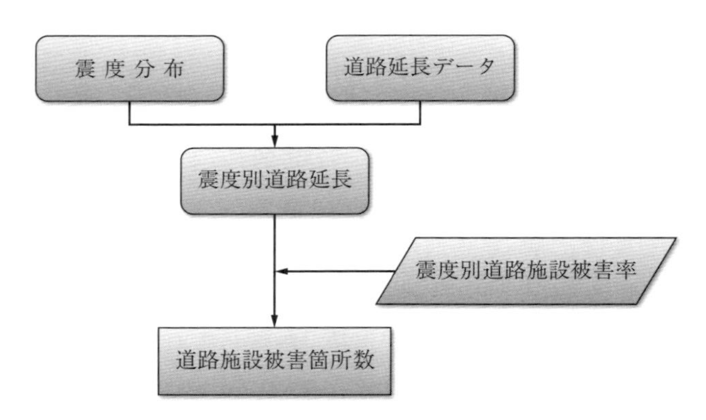

図 3.12　道路の被害箇所数予測のフローチャート

表 3.5　道路の被害箇所数予測のための入力・出力項目および設定条件

予測内容	項　目	内　　容
高速道路・国道被害の箇所数	入力変数	震度分布 道路延長データ
	設定条件	震度別道路延長データ
	予測式・手法	震度別道路施設被害率
	出力結果	道路施設被害箇所数

被害箇所数は，東日本大震災における道路の被害率から設定された震度別道路施設被害率を以下の式で算出する。**表 3.6**，**表 3.7** に震度別道路施設被害率を示す。

被害箇所数 = 震度別道路延長〔km〕× 道路施設被害率〔箇所/km〕

コーヒーブレイク

需要と供給バランスによる停電

停電には，電柱の倒壊や送電線の事故による切断により，電気の流れる経路が途絶することによる停電がある。停電の影響を受けるエリアは当該系統に限定される。復旧は切断された送電線を補修することにより解決するが，補修には時間を要する。しかし少ない箇所での送電線の切断ならば，送電線の迂回路を検討することにより短時間で送電が可能になる。

もう一つの停電は，電気の需要と供給のバランスが崩れることによって発生する停電である。需要が供給力を上回ると，需要と供給のバランスが崩れて電力の周波数が低下し，それがある程度の限界を超えると，広範囲にわたって停電が発生する恐れが出てくる。

電気は貯蔵できないので，発電量と消費量がつねに均等していることが求められ，これを維持できないと電気の周波数が変動する。この周波数が 0.2 Hz 程度変動しただけで一部の機器には影響が出る。例えば，発電機は需要が供給能力を上回り，周波数が 1～2 Hz 程度低下するとタービンが振動で壊れたり，巻き線が過熱して切れる恐れがあるため，停止する機能をもっている。発電機が停止して供給力が失われるため，さらに需給のバランスが悪化して発電機などの「ドミノ倒し現象」が起こり，広域大停電に至る。この場合の復旧はきわめて困難になる。

表 3.6　東日本大震災における国道道路施設被害率（浸水域外）[9]

震　度	被災箇所	道路延長〔km〕	原単位〔箇所/km〕
震度 4 以下	5	—	—
震度 5 弱	9	256	0.035
震度 5 強	87	767	0.11
震度 6 弱	135	832	0.16
震度 6 強	25	149	0.17
震度 7	1	2	0.48

表 3.7　補助国道・都府県道に用いる道路施設被害率（浸水域外）[9]

震　度	原単位〔箇所/km〕
震度 4 以下	—
震度 5 弱	0.016
震度 5 強	0.049
震度 6 弱	0.071
震度 6 強	0.076
震度 7	0.21

細街路の被害は，地震時に道路周辺の建物の倒壊などによる道路の閉塞により，人命救助，消防活動・避難などが困難になることから，阪神・淡路大震災時の調査データに基づき，算出して，家屋などの倒れ込みによる道路リンクの閉塞率を予測する。閉塞率の想定は**図 3.13** にフローチャートを，**表 3.8** に入力・出力項目および設定条件を示す。

幅員 13 m 未満の道路を対象とし，つぎの方法で道路リンク閉塞率を算出している。

【幅員 3 m 未満の道路】

道路リンク閉塞率〔%〕= 1.28 × 建物被災率〔%〕

【幅員 3 m 以上 5.5 m 未満の道路】

道路リンク閉塞率〔%〕= 0.604 × 建物被災率〔%〕

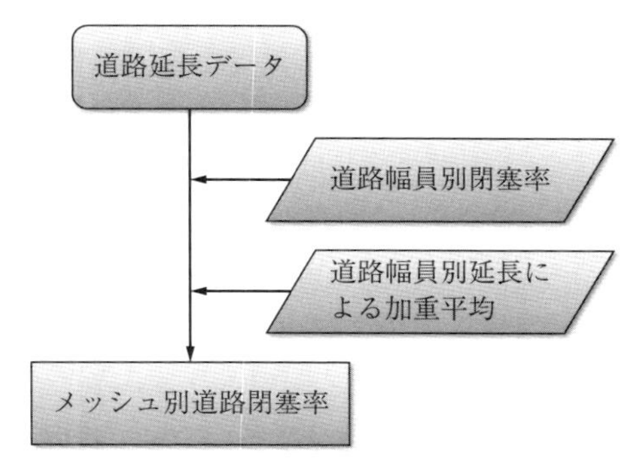

図 3.13　細街路の閉塞率予測のフローチャート

表 3.8　細街路の閉塞率の予測のための入力・出力項目および設定条件

予測内容	項　目	内　　容
細街路の閉塞率	入力変数	道路延長データ
	設定条件	道路幅員延長による加重平均
	予測式・手法	道路幅員閉塞率
	出力結果	メシュ別道路閉塞率

【幅員 5.5 m 以上 13 m 未満の道路】

道路リンク閉塞率〔%〕= 0.194 × 建物被災率〔%〕

道路リンク閉塞率

$= \sum${(道路幅員別延長) × (道路幅員別リンク閉塞率)}

$/\sum$(道路幅員別延長)

建物被災率は，揺れの被害を対象として，つぎの式より算出した。

建物被災率 = 全壊率 + (1/2) × 半壊率

津波による道路被害は，津波浸水域の道路の被害箇所数は，**図 3.14** のフローチャートで予測される。その入力・出力項目および設定条件を**表 3.9** に示す。

橋梁への津波の影響は，既往災害事例の報告が少なく詳細が不明なため，各予測ケースでの津波浸水深を橋梁位置に重ねることで影響を検討する。

被害箇所数 = 浸水深別道路延長〔km〕× 道路施設被害率〔箇所/km〕

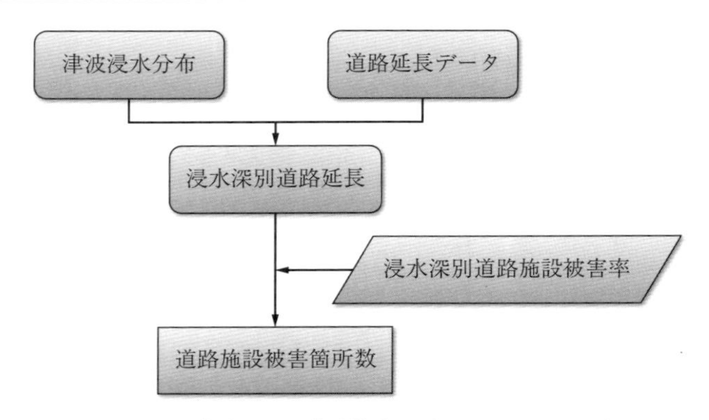

図 3.14　津波による道路被害予測のフローチャート

表 3.9　津波による道路被害の予測のための入力・出力項目および設定条件

予測内容	項　目	内　　容
津波浸水による道路被害	入力変数	津波浸水分布 道路延長データ
	設定条件	浸水深別道路延長
	予測式・手法	浸水別道路施設被害率
	出力結果	道路施設被害箇所数

道路の被害箇所数は，各震度別の道路延長に東日本大震災における道路の被害率を用いて，津波浸水深を基に算出したものを使う。その道路施設被害率を**表 3.10** および**表 3.11** に示す。

（b）　交通機能支障の想定（緊急輸送道路の渋滞と橋架の予測方法）　緊急輸送道路において渋滞は，警視庁交通量統計表に基づき，通行速度が一般道路では時速 20 km/h 以下，高速道路では時速 40 km/h 以下になる状態をいう。道路交通センサスのデータベース上の「平均旅行速度〔km/h〕」のうち，「混雑時」の速度を基に各路線において走行時速が 20 km/h 以下となる区間を特定し，道路延長に対して渋滞割合を算出する。また，それによって影響を受ける車両台数を平常時の車両通行量の値から算出する。

また，渋滞に加え道路に懸架されている橋梁・橋脚については**表 3.12** に基づき[9)]，各橋梁・橋脚の建設年代と各地の *SI* 値から被害状況を推定し，機能

表 3.10 東日本大震災における道路施設被害率（浸水域）

浸水深	被災箇所	道路延長〔km〕	原単位〔箇所/km〕
1 m 未満	9	68	0.13
1〜3 m	19	51	0.37
3〜5 m	9	14	0.65
5〜10 m	35	23	1.52
10 m 以上	39	15	2.64

表 3.11 補助国道・都府県道に用いる道路施設被害率（浸水域）

震　度	原単位〔箇所/km〕
1 m 未満	0.058
1〜3 m	0.16
3〜5 m	0.29
5〜10 m	0.68
10 m 以上	1.17

表 3.12 地震動強さ別の被害状況および被害率[9)]

<table>
<tr><th>建設年代
SI 値</th><th>昭和 55 年
以前</th><th>昭和 55 年</th><th>平成 2 年</th><th>平成 7 年</th><th>平成 8 年</th></tr>
<tr><td>10 以下</td><td rowspan="2">無被害
（軽微被害を
含む）</td><td rowspan="3">無被害
（軽微被害を
含む）</td><td rowspan="3">無被害
（軽微被害を
含む）</td><td rowspan="3">無被害
（軽微被害を
含む）</td><td rowspan="4">無被害
（軽微被害を
含む）</td></tr>
<tr><td>10</td></tr>
<tr><td>15</td><td rowspan="3">中規模被害</td></tr>
<tr><td>30</td><td rowspan="3">中規模被害</td><td rowspan="5">中規模被害</td><td rowspan="7">中規模被害</td></tr>
<tr><td>40</td><td rowspan="8">中規模被害</td></tr>
<tr><td>45</td><td rowspan="2">大規模被害</td></tr>
<tr><td>65</td><td rowspan="4">大規模被害</td></tr>
<tr><td>70</td><td rowspan="7">落橋・大被害</td></tr>
<tr><td>75</td><td rowspan="4">大規模被害</td></tr>
<tr><td>105</td></tr>
<tr><td>110</td><td rowspan="4">落橋・大被害</td><td rowspan="3">大規模被害</td></tr>
<tr><td>115</td></tr>
<tr><td>120</td><td rowspan="2">落橋・大被害</td><td rowspan="2">大規模被害</td></tr>
<tr><td>190 以上</td><td>落橋・大被害</td></tr>
</table>

支障を予測する。

（c） 復旧・影響　影響率は橋梁に被害が生じた場合の交通容量の減少を表し，地震後の交通状態の影響率として通行止めの場合は1.0，幅員規制となる場合は0.5を設定する。橋梁の被災度に対応した経過時間ごとの交通状態の影響率を**表3.13**に示す。

表3.13　橋梁の被災度と交通状況の影響率[9)]

経過時間＼被災度	軽微な損傷 規制なし	中規模損傷 通行規制 （1箇月）	大規模損傷 通行止め （1箇月）	大被害 通行止め （2.5箇月）	倒壊 通行止め （10箇月）
発災≦ t ＜3日	0.0	0.5	1.0	1.0	1.0
3日＜ t ≦7日	0.0	0.5	1.0	1.0	1.0
7日＜ t ≦1箇月	0.0	0.5	1.0	1.0	1.0
1箇月＜ t ≦2箇月	0.0	0.0	0.0	1.0	1.0
2箇月＜ t ≦2.5箇月	0.0	0.0	0.0	1.0	1.0
2.5箇月＜ t ≦4箇月	0.0	0.0	0.0	0.0	1.0
4箇月＜ t ≦10箇月	0.0	0.0	0.0	0.0	1.0
10箇月＜ t ≦18箇月	0.0	0.0	0.0	0.0	0.0

〔注〕 経過時間に記載する数値は発災日からの日・月数。

〔4〕 鉄道施設の被害予測

（a） 揺れによる鉄道施設被害　鉄道被害箇所数の予測は，鉄道の路線図を250mメッシュで分割し，各メッシュの震度被害率の関係からメッシュごとの被害箇所数を算出し，それを集計して予測する[8)]。そのフローチャート，さらには入力・出力項目および設定条件を，それぞれ**図3.15**と**表3.14**に示す。また，各メッシュの震度と被害率の関係を**表3.15**に示す。

鉄道橋脚の被害予測は，橋脚の場所での震度と被害程度の関係から行う[9)]。そのフローチャート，さらには入力・出力項目および設定条件を，それぞれ**図3.16**と**表3.16**に示す。また，震度と被害率の関係を**表3.17**に示す。

（b） 津波による鉄道施設被害　津波浸水域の鉄道路線被害は，津波浸水深分布と鉄道路線延長データより浸水エリアの鉄道浸水延長長さを出し，浸水域被害データから被害箇所数を予測する。そのフローチャート，さらには入

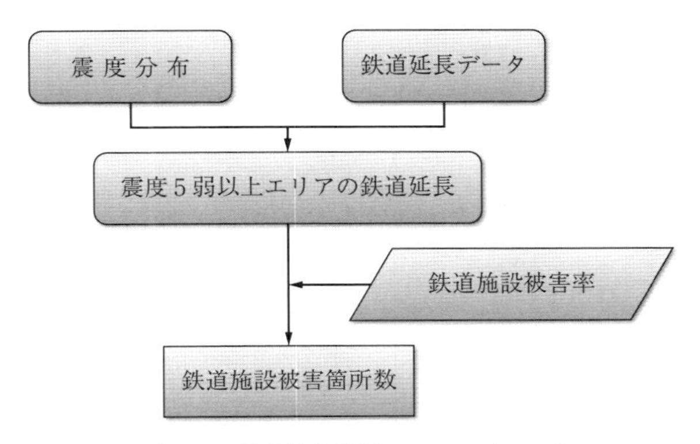

図 3.15　鉄道被害予測のフローチャート

表 3.14　鉄道被害の予測のための入力・出力項目および設定条件

予測内容	項　目	内　　　容
鉄道施設被害箇所数	入力変数	震度分布 鉄道延長データ
	設定条件	震度5弱以上エリアの鉄道延長
	予測式・手法	鉄道施設別被害率
	出力結果	鉄道施設被害箇所数

表 3.15　震度と被害率の関係

震　度	被害率〔箇所/km〕
震度5弱	0.26
震度5強	1.01
震度6弱	2.03
震度6強以上	2.80

力・出力項目および設定条件を，それぞれ**図 3.17** と**表 3.18** に示す。

津波による路線被害は，つぎの式を用いて，浸水域の鉄道延長に**表 3.19** に示す東日本大震災における鉄道の被害データを乗じて予測する。

(被害箇所数) = (浸水域の鉄道延長〔km〕) × (鉄道施設被害率〔箇所/km〕)

〔5〕 港湾施設の被害予測

(a) 揺れによる岸壁被害　港湾，緊急輸送拠点漁港については，船舶けい留場所であるバースのうち非耐震バースを対象として，基礎に作用す地震加

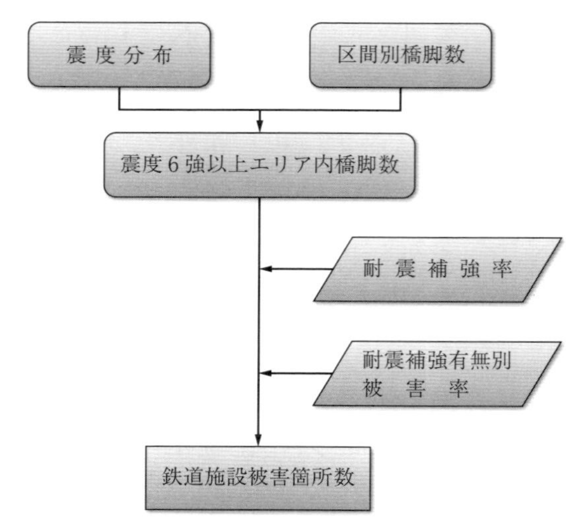

図 3.16　橋脚被害予測のフローチャート

表 3.16　橋脚被害の予測のための入力・出力項目および設定条件

予測内容	項　目	内　　　容
鉄道橋脚被害箇所数	入力変数	震度分布 区間別橋脚数
	設定条件	震度 6 強以上エリア内橋脚数 耐震補強率
	予測式・手法	耐震補強有無別被害率
	出力結果	鉄道施設被害箇所数

表 3.17　耐震強化前後における被害の発生率・震度の関係[10)]

	震度	耐震強化前	耐震強化後
大被害（落橋・倒壊）の発生率〔箇所/本〕	6 強以上	0.002 93	0
中小被害（損傷・亀裂）の発生率〔箇所/本〕	6 強以上	0.031 5	0.034 4

速度と港湾岸壁被害率との関係により予測する。そのフローチャート，入力・出力項目および設定条件を**図 3.18** と**表 3.20** に示す。

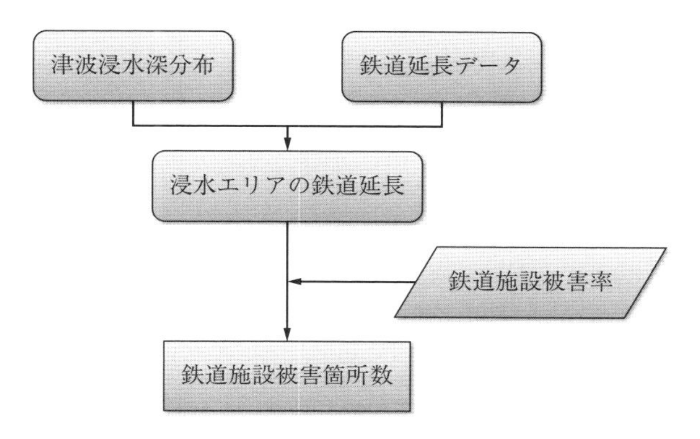

図 3.17 津波による路線被害予測のフローチャート

表 3.18 津波による路線被害の予測のための入力・出力項目および設定条件

予測内容	項　目	内　　容
津波浸水による鉄道施設被害箇所数	入力変数	津波浸水深分布 鉄道延長データ
	設定条件	浸水エリアの鉄道延長
	予測式・手法	津波による鉄道施設被害率
	出力結果	津波による鉄道被害箇所数

表 3.19 鉄道延長と被害箇所数の関係

	被災箇所	鉄道延長〔km〕	原単位〔箇所/km〕
津波被害を受けた線区	640	325	1.97

被害バース数はつぎの式で求める。

被害バース数 = 非耐震バース数 × 港湾岸壁被害率[9)]

港湾岸壁被害率としては，**図 3.19** に示す工学的基盤の加速度〔gal〕と被害率の関係を用いている。この工学的基盤の加速度と被害率の関係は，阪神・淡路大震災における神戸港および釧路沖地震における釧路港の被害実態から作成され，港湾施設（岸壁）を対象とした地震被害予測の被害率として用いられている。

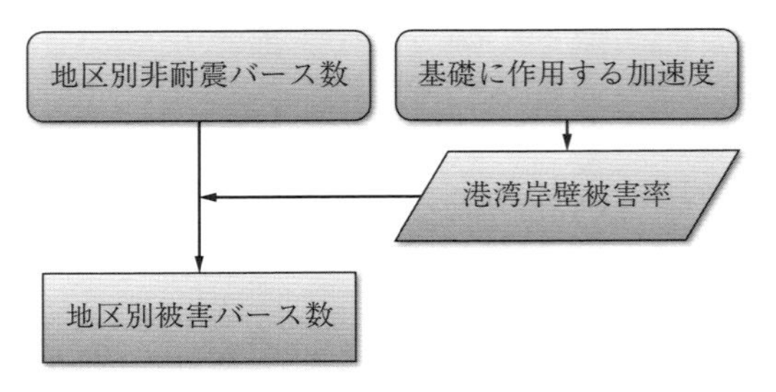

図 3.18　港湾施設の被害予測のフローチャート

表 3.20　港湾施設の被害予測のための入力・出力項目および設定条件

予測内容	項　目	内　　　容
地震動による港湾被害バース数	入力変数	基礎に作用する加速度
	設定条件	地区別耐震バース数
	予測式・手法	港湾岸壁被害率
	出力結果	地区別被害バース数

〔注〕 バースは，船舶が荷役のために停泊する岸壁・桟橋などの船舶係留場所で，岸壁などの数を表す単位としても用いられる。

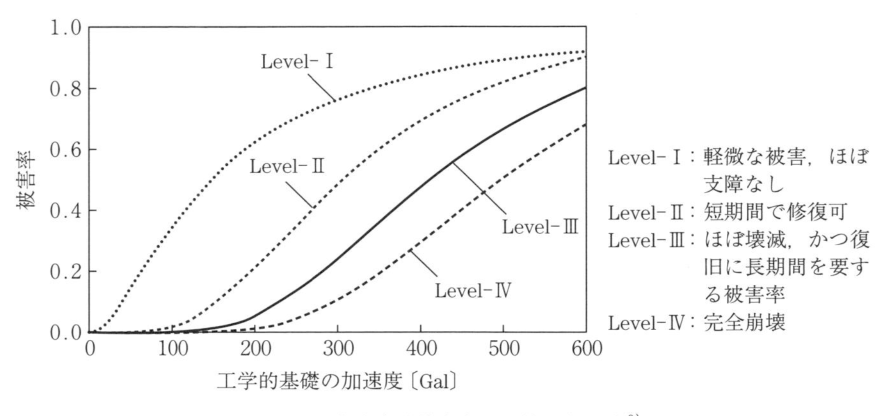

図 3.19　港湾岸壁被害率の累積分布関数 [9)]

（b）　津波による岸壁被害　　東日本大震災では概ね津波高 4 m 以上の港湾で機能が停止している [9)]。そのため港湾，緊急輸送拠点漁港について，**図 3.20** に示す岸壁前面の津波高によるフローチャートによって被害を予測する。**表**

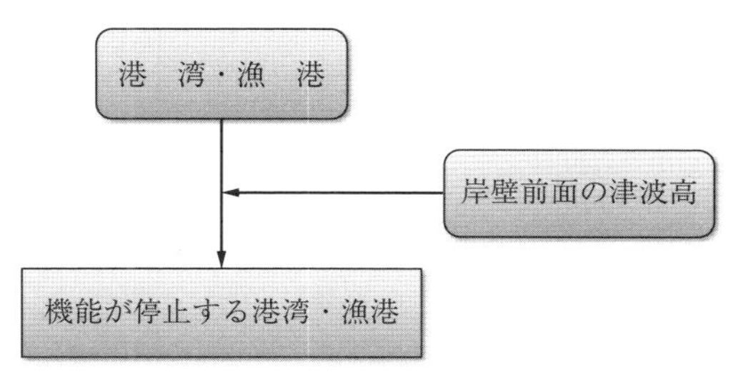

図 3.20 港湾施設の被害予測のフローチャート

表 3.21 港湾施設の被害予測のための入力・出力項目および設定条件

予測内容	項 目	内 容
津波による港湾機能停止	入力変数	岸壁前面の津波高
	設定条件	港湾・漁港データ
	予測式・手法	岸壁前面津波高が 4 m 以上は機能停止
	出力結果	機能が停止する港湾・漁港

3.21 に予測の際の入力・出力項目および設定条件を示す。

防波堤前面の津波高はつぎの式により算出する。

岸壁前面の津波高 = 津波高 − 地殻変動量（沈下を負とする）

ここで，各港湾・漁港における岸壁前面の津波高の最大が 4 m 以上となる場合は機能が停止するとした。

3.2 避難者・帰宅困難者

3.2.1 避難生活者数

〔1〕 **避難者の発生** 大規模地震発生時には，住宅の地震動や津波による倒壊・焼失やライフラインの途絶による自宅での生活の継続困難から，多くの避難者が発生する。

避難者は，地震発生時には住宅の倒壊・焼失により居住不能な人が避難所に避難することになる。その後，住宅の被害が軽微，あるいは無被害の場合でも，余震による不安や水道・電気などのライフラインの途絶によって事実上生活ができない場合や避難所のほうが食料や情報が得やすいなどにより，地震発生後 2～3 日以降に避難者数が増加する。

避難者数は地震発生後の経過時間により推移するが，住宅の被害が軽微，あるいは無被害の場合で地震直後に避難所で過ごす人たちは，短期避難者となる。住宅が全壊・焼失して仮設住宅を必要とする避難者は，長期避難者となる。短期避難者は，避難所で食事のみをとる食事被提供者と宿泊する就寝者の二つのパターンに分けられる。

図 3.21 に東日本大震災，阪神淡路大震災，中越地震の避難者の推移[11]を示す。東日本大震災では，地震発生直後に 25 万人の避難者が発生し 2 日後～3 日後に約 47 万人に避難者が膨らんだ。その後，ライフラインの復旧，被災地外への移動などにより減少をしている。

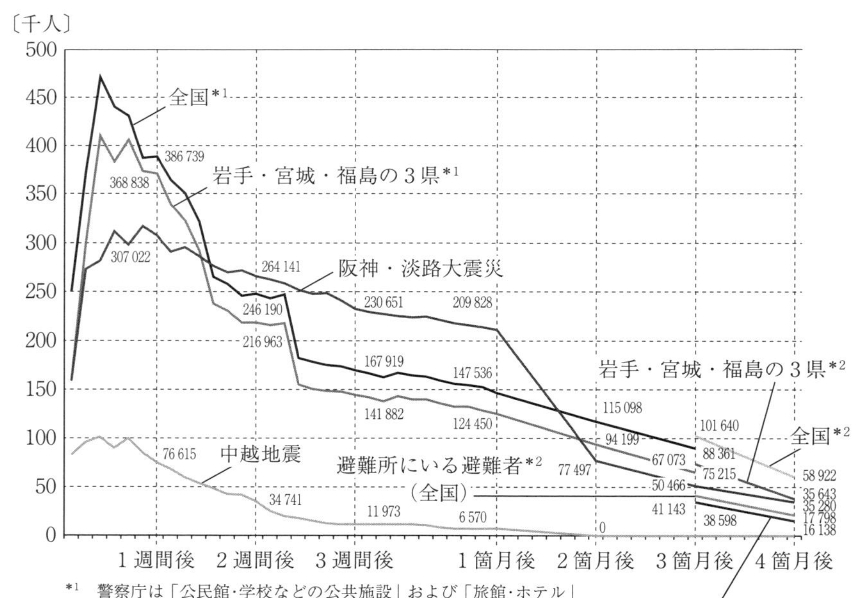

*1　警察庁は「公民館・学校などの公共施設」および「旅館・ホテル」への避難者を中心に集計。

*2　① 避難所（公民館・学校など），② 旅館・ホテル，および③ その他（親族・知人など）の集計。

図 3.21　避難者数の推移[11]

〔2〕 **避難者数の予測** 避難生活者数は，津波の影響を受けない範囲（内陸部）と，津波浸水地域（沿岸部）の避難生活者数を区分して予測する。津波浸水地域（沿岸部）については，被害を受けた建物棟数から地震発生後（3日間）の避難生活者数と4日目以降の避難生活者数を分けて予測する[8)]。

避難者数の予測フローチャートを**図3.22**に示す。また，必要な項目を**表3.22**に示す。

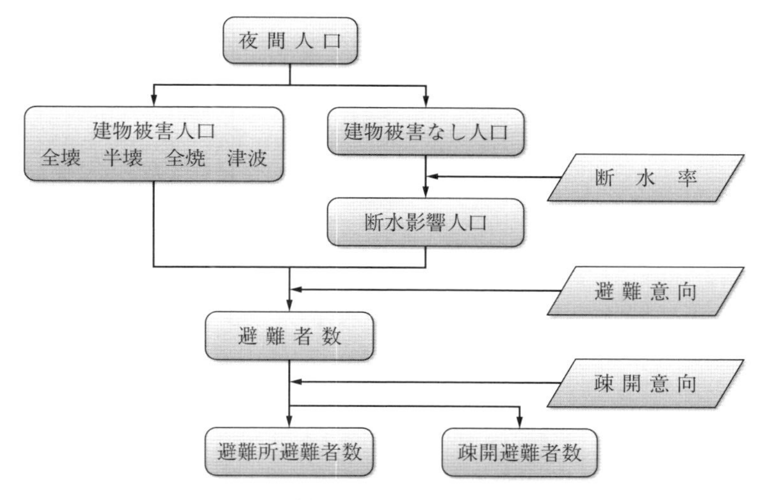

図3.22 避難者数予測のフローチャート

表3.22 避難者数予測のための入力・出力項目および設定条件

予測内容	項目	内容
避難者数	入力変数	夜間人口 断水率
	設定条件	建物被害人口 建物被害なし人口 断水人口
	予測式・手法	建物（全壊・半壊・全焼・津波）被害による避難者率 断水家屋避難者率 避難意向率 疎開意向率
	出力結果	避難所避難者数 疎開避難者数

(a) 津波浸水域外における避難生活者数の算出　全避難者生活数は下記の式により算出する。

全避難生活者数
＝(全壊建物棟数 ＋ 0.13 × 半壊棟数)× 市町村別の1棟当り平均人員数
＋ 断水人口 × 断水時生活困窮度

生活困窮度：(当日・1日後)0.0 ⇒ (1週間後)0.25 ⇒ (1箇月後)0.90

ここで，断水人口は，自宅建物被害を原因とする避難者を除く断水世帯人員を示す。断水時生活困窮度とは，自宅建物は大きな損傷をしていないが，断水が継続されることにより自宅での生活をし続けることが困難となる度合いを意味する。時間とともに数値は大きくなる。阪神・淡路大震災の事例によると，水が手に入れば自宅の被害がひどくないかぎりは自宅で生活しているし，半壊の人でも水道が復旧すると避難所から自宅に帰っており，逆に断水の場合には生活困窮度が増す。

阪神・淡路大震災の実績および南海トラフ巨大地震による被害の甚大性・広域性を考慮して，発災当日・1日後，1週間後，1箇月後の避難所避難者と避難所外避難者の割合を以下のように想定する。

避難所避難者と避難所外避難者の割合：
(当日・1日後)60：40 ⇒ (1週間後)50：50 ⇒ (1箇月後)30：70

(b) 津波浸水域における避難生活者数の算出　地震発生直後（3日間）における津波浸水域の避難生活者数の算出では，全壊建物でも半壊建物でも，全員が避難する。それは，半壊建物も，屋内への漂流物などにより自宅では生活不可となるためである。また，一部損壊以下で床下浸水を含む被害建物は，津波警報に伴う避難指示・勧告により全員が避難する。

そして，避難者のうち避難所避難者と避難所外避難者・疎開者などは，東日本大震災における浸水範囲の実績から以下のように設定する。

避難所避難者：避難所外避難者 ＝ 2：1

以上より，浸水範囲内での避難所避難者数は

避難所避難者数（発災当日～発災2日後）

= 津波浸水地域の居住人口 × 2/3

となる。

地震発生後4日目以降の避難者数は，以下の式より算出する。

全避難生活者数

= {(全壊建物棟数 + 0.13 × 半壊棟数) × 市町村別の1棟当り平均人員数}

+ (断水人口 × 断水時生活困窮度)

地震発生の1週間後，1箇月後の避難所避難者と避難所外避難者の割合を以下のように想定する。

避難所避難者と避難所外避難者の割合：

(1週間後) 90：10 ⇒ (1箇月後) 30：70

3.2.2 帰宅困難者数

〔1〕 帰宅困難者の発生 大量の通勤・通学者が朝と夕方に移動するという大都市では，ひとたび災害が発生すると，都市中心部に人が集まることによるリスクが発生する。東日本大震災においては，首都圏を中心として帰宅困難者問題が発生した。

都市においては，周辺から鉄道・バスを用いて日中に大量の人口が集中する傾向がある。首都圏における1日の鉄道利用者数は約4 000万人，近畿圏の約1 300万人，中京圏の約300万人といわれている。特に首都圏における日常的な定期券利用者による鉄道利用者は約950万人といわれ，神奈川県・千葉県・埼玉県から東京23区を目的地とした都県をまたぐ，長距離の移動が多い。その現状で，災害などにより日中においてひとたび鉄道が停止すれば，大量の帰宅困難者が発生することは避けられそうにない。

東日本大震災の影響により発生した帰宅困難者は，内閣府などの調査[12)]により，地震発生時の外出者（自宅外にいた人）のうち，3月11日のうちに帰宅できなかった人は約28% であった。この結果，3月11日のうちに帰宅できなかった帰宅困難者は，首都圏（東京都，神奈川県，千葉県，埼玉県，茨城県南部）で約515万人と推計されている。また，会社・学校にいた人のうち，約

5割が17時台までに会社・学校を離れており，業務・授業の終了後，あまり時間を置かずに会社・学校を離れた人が多い。特に早い時間に帰宅を開始した人の理由として最も多いのは，「会社（学校）の管理者から帰宅するよう指示があったため」ということであった。また，3月11日に帰宅困難者などが滞留または通過した市区町村は，首都圏の市区町村のうち約7割であった。このうち約94%の市区町村が帰宅困難者などに一時滞在施設を提供している。しかしその多くは，地域住民の避難所として指定されていた公共施設や学校であった。**図3.23**に東日本大震災時の東京の帰宅困難者の滞留および交通渋滞の状況を示す。

図3.23　東日本大震災時の東京の帰宅困難者の滞留および交通渋滞の状況[13)]

東日本大震災発生時，首都圏は地震の直接的な被災地でなかったにもかかわらず，多数の帰宅困難者が発生した。このことを考えると，大都市において大規模地震が直下で発生した場合は，帰宅困難者による問題はさらに大きくなる。これは，徒歩帰宅する多数の人が群集なだれを起こしたり，大規模火災延焼や建物倒壊に巻き込まれることによる帰宅困難者の安全問題が発生する。さらに，大規模地震発生の際に，多数の人的被害が発生することにより救急車の必要性が増大し，同時多発火災が発生することにより消防車の必要性が増大する。その際に，道路は著しい直接被害を受けて不通箇所が多く発生し，大量の帰宅困難者の帰宅行動による交通渋滞によって道路が塞がれ，救急車，消防車や災害対応車両が移動できず，被害をさらに拡大することが予測される。さらに，地域の避難所の受入能力を超える避難者に加えて，帰宅困難者が救助を要請するなどの事態が発生することが予測される。

〔2〕 **帰宅困難者数の予測**　主要な都市部について，外出者数・帰宅困難者数を予測している[12)]。それは，平日の日中に地震が発生した場合を想定し，電車などの交通機関の停止や自動車の利用禁止に伴い，帰宅したくても帰宅できない人としている。

都市での滞留者の自宅までの距離帯別割合を把握して，帰宅困難者を算出する。通勤・通学者などは，交通手段が徒歩・自転車の場合では，災害時においても帰宅できると考え「帰宅可能者」とみなす。交通手段が鉄道，バス，自動車，二輪車の場合では，公共交通機関の停止，道路などの損壊，交通規制の実施などにより，利用してきた交通機関は使えないため帰宅は当面の間は困難で，比較的近距離の場合は徒歩で帰宅し，遠距離の場合は帰宅が難しいと考える。

通勤・通学者以外の居住ゾーン外への外出者は，地震後の混乱の中で安全確保などのために，少なくともしばらくの間は外出先で待機する必要がある人とする。帰宅困難者数の予測は，以下のようになる。

① 交通機関は利用できなくなると考え，帰宅手段を徒歩のみとする。

② 自宅までの帰宅距離は，滞留している所在地と帰宅先の市区町村庁舎間の距離とする。

③ 距離帯別の滞留者人口については，国勢調査やパーソントリップ（PT）調査などから把握する。

④ 東日本大震災の帰宅実態調査結果に基づく外出距離別帰宅困難率[†]を設定し，パーソントリップ調査に基づく代表交通手段が鉄道，バス，自動車，二輪車の現在地ゾーン別居住地ゾーン別滞留人口（＝帰宅距離別滞留人口）に対して適用し，帰宅困難者数を算定する。

⑤ 帰宅困難率〔%〕＝(0.021 8 × 外出距離〔km〕) × 100　とする。

---

† 東日本大震災当日は道路の交通規制がかからなかったことから自動車・二輪車などでの帰宅が可能であった点を踏まえ，帰宅困難率は，代表交通手段が鉄道である外出者のデータを基に当日に帰宅できなかった人の割合として設定する。

帰宅困難者数の予測のフローチャートを**図 3.24** に示す。帰宅困難者予測の入力・出力項目および設定条件を**表 3.23** に示す。また，この帰宅困難率の基になった東日本大震災発生当日における外出距離別の帰宅困難率を**図 3.25** に示す。

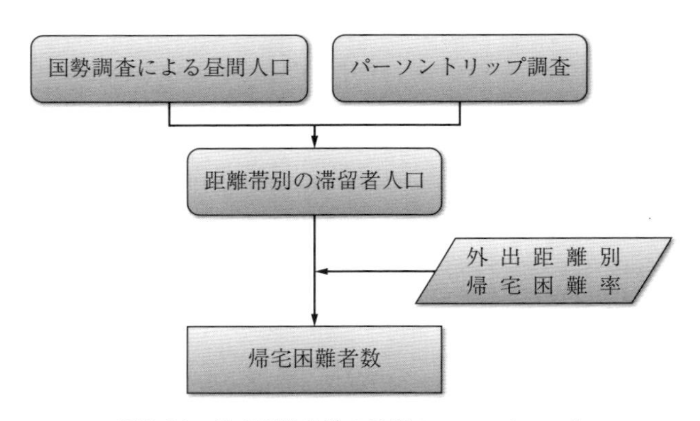

図 3.24　帰宅困難者数の予測のフローチャート

表 3.23　帰宅困難者数の予測のための入力・出力項目および設定条件

予測内容	項　目	内　　　容
帰宅困難者数	入力変数	国勢調査による昼間人口データ パーソントリップ調査による外出人口データ
	設定条件	距離帯別滞留者人口
	予測式・手法	外出距離別帰宅困難率
	出力結果	帰宅困難者数

他に，従来の手法では，距離別の帰宅困難率として以下の考え方もある。この手法も図 3.25 に示してある。

・自宅距離が 10 km 以内であれば，全員帰宅可能とする。

・自宅距離が 10〜20 km の場合は，1 km 長くなるごとに帰宅可能者が 10% ずつ低減していく。

・自宅距離が 20 km 以上となる場合には，全員帰宅困難とする。

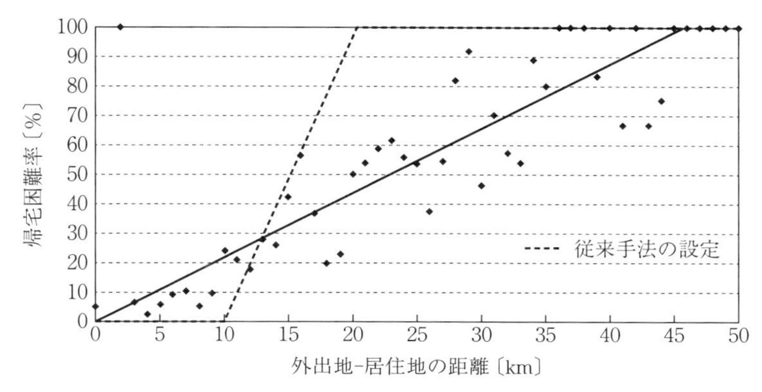

図 3.25 東日本大震災発災当日における外出距離別の帰宅困難率[8)]

コーヒーブレイク

膨大な避難者と食料

大規模震災時の被災地における食料に関して，内閣府　南海トラフ巨大地震の被害想定では2日後の様相として避難所での避難者が最大約430万人になり，食料不足は，家庭・公的備蓄で対応しても地震発生後3日間で最大約3200万食が不足すると想定している。また，内閣府 首都直下地震の被害想定では，避難者は地震発生から2週間後に最大約720万人になり，食料不足は家庭・公的備蓄で対応しても1週間で最大約3400万食が不足する，と想定されている。

また，内閣官房 国土強靭化プログラムにおいて，プログラムにより回避すべき起こってはいけない事態として，大規模災害発生後であっても機能不全に陥らせない事項として「食料等の安定供給の停滞」を課題として挙げている。

このように大規模震災時の避難者とその食料不足は大きな問題となりえる。

東日本大震災においては，内閣府 被災者支援チームの報告によると，被災地への食料調達は地震発生から4月20日までで2620万食（日平均は63万食）である。ただ，現実の被災地到着分の食料を見ると，地震発生から1週間後の3月17日までに被災地に運ばれた食料は290万食になっている。この期間の避難所の避難者の数は40～36万人であったことから，避難者に1日3食を供給するためには684万食が必要であったが，実際としては地震発生から1週間は「おにぎり」,「菓子パン」による1日1食程度の供給により，被災者は相当の苦痛の中で避難生活を送っていたことがわかる。

南海トラフ巨大地震や首都直下地震のような大規模震災が発生した場合は，家庭内備蓄や公的備蓄と被災地外からの食料供給により食の確保を行うことになるが，家庭内備蓄は国民の意識の低さから多くの備蓄がされていないのが現状である。また食料供給は，このような大規模震災の場合は，食品工場自体の多くが被災地内にあって操業ができない可能性があり，食料供給に支障をきたすことが予想される。また，各自治体は食料調達に関して企業と協力協定を結んでいるが，隣接自治体が同じ企業と協定を結んでいるため，協定が実際に機能するのは難しいと考えられる。

そのための対応は，各自が1週間程度の備蓄をもつことが必要である。

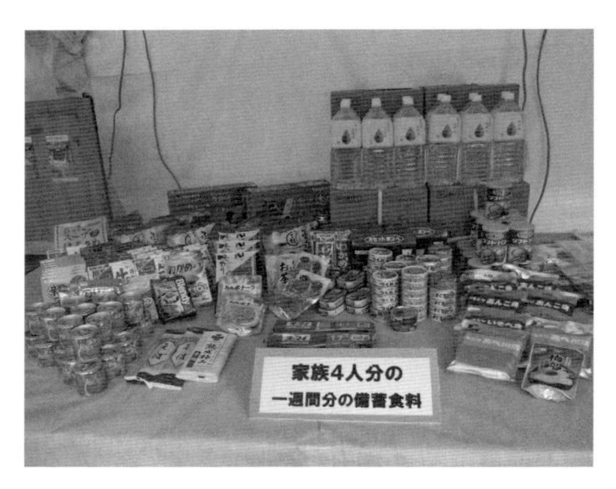

家族4人分の1週間分の備蓄食料（仙台市広報課　https://www.facebook.com/sendaipr/photos/pcb.465565800284156/465565440284192/?type=1&theater）

引用・参考文献

1）厚生労働省，日本水道協会：2011年東日本大震災水道施設被害等現地調査団報告書
http://www.jwwa.or.jp/houkokusyo/pdf/higashinihon_daishinsai/higashinihon_all.pdf

2）原子力安全・保安院　電力安全小委員会：電気設備地震対策ワーキング　第2回配布資料
http://www.meti.go.jp/policy/safety_security/industrial_safety/shingikai/120/8/houkokusho.pdf

3) 大規模災害等緊急事態における通信の在り方に関する検討会：資料
http://www.soumu.go.jp/main_content/000141086.pdf
4) 内閣府：東北地方太平洋沖地震を教訓とした地震・津波対策に関する専門調査会：第1回会合　資料3-1
http://dl.ndl.go.jp/view/download/digidepo_6016467_po_3-1.pdf?contentNo=6&alternativeNo=
5) 岩手県奥州市東北地方太平洋沖地震被害状況
https://www.city.oshu.iwate.jp/view.rbz?nd=400&ik=1&pnp=400&cd=1597
6) 水産庁：東日本大震災水産業に関連する被害
http://www.jfa.maff.go.jp/j/kikaku/wpaper/h23_h/trend/1/img/p_002b.jpg
7) 能島暢呂：ライフラインの被害・復旧とその予測
http://adpec.web.nitech.ac.jp/old/pdf/20121028_symp/nojima.pdf#search='%E3%83%A9%E3%82%A4%E3%83%95%E3%83%A9%E3%82%A4%E3%83%B3+%E5%9C%B0%E9%9C%87%E8%A2%AB%E5%AE%B3'
8) 神奈川県地震被害想定調査委員会：神奈川県地震被害想定調査　報告書（手法編）（平成27年3月）
http://www.pref.kanagawa.jp/uploaded/attachment/768706.pdf
9) 高知県：南海トラフ巨大地震による被害想定　被害想定の計算方法（平成25年5月15日）
http://www.pref.kochi.lg.jp/soshiki/010201/fils/2013051500465/2013051500465_www_pref_kochi_lg_jp_uploaded_attachment_95462.pdf
10) 運輸省鉄道局：よみがえる鉄路，pp.19-27
11) 内閣府：（防災）避難所生活者の推移：7　東日本大震災，阪神・淡路大震災及び中越地震の比較について
http://www.cao.go.jp/shien/1-hisaisha/pdf/5-hikaku.pdf
12) 内閣府　首都直下地震帰宅困難者等対策協議会：中間報告（平成24年3月9日）
http://www.bousai.go.jp/jishin/syuto/kitaku/pdf/chuukan02.pdf
13) 警視庁：東日本大震災における警察活動の検証
http://www.npa.go.jp/hakusyo/h24/honbun/html/of110000.html

都市の地震被害様相

前章において，地震被害の状況と被害想定における被害予測手法を被害項目ごとに述べた。被害想定は，設定地震（シナリオ地震）による震度分布や津波高などの自然現象の予測や，人的・物的被害の予測などを取りまとめたものである。

防災・減災のための実施計画策定は，被害想定で実施された自然現象や人的・物的被害の予測を基に計画を立てることになる。また，災害発生時の応急対応策の策定は，時間とともに変化する被害の状況（被害様相）とそれに対する対策を，実施項目別に地震発生からの時系列形式で整理する必要がある。

それは，地震発生後に被害を最小限に抑えるためには，迅速かつ的確な応急対策を実施する必要があり，事前に災害の全体状況や防災対応機関の応急対策活動を時間の経過に沿って作成する必要があるためである。これにより，災害発生後の対策を実施する上で重要な視点とタイミング，および課題が明らかになる。

そのために，被害想定結果を基にして，地震発生後からの被害様相を時系列的シナリオとして作成する必要がある。被害様相は，時系列ごとに以下のような項目について考える必要がある。

①　全体シナリオ

②　自然現象，建築物被害，火災などのシナリオ

③　災害対策本部の実施項目に関するシナリオ

④　ライフラインの被害と対応のシナリオ

⑤　避難対応シナリオ

⑥　救出救助・医療救護対応シナリオ

⑦　遺体の収容・身元確認・安置・埋火葬の対応シナリオ

⑧　住宅対応シナリオ

⑨　広域応援受入れシナリオ

⑩　交通，緊急物資確保対応シナリオ

⑪　し尿・ごみ・瓦礫対応シナリオ

⑫　経済影響シナリオ

以下に，地震発生時の被害様相予測の例として，首都直下地震の被害想定を基にした地震発生からの被害様相[1]を述べる。この被害様相は地震発生後の時間とともに進展する被害，それに対する施策と問題点を考えるために必要となる。

4.1　首都直下地震の被害概要

地震発生時の被害様相は，平成25年12月に内閣府より発表された「首都直下地震の被害想定と対策」[2]の被害想定を前提として考えられたものである。**表4.1**および**表4.2**に都心南部直下地震発生時の首都圏における震度ごとのエリアの建物数と人口を示す。これが都心南部直下地震による建物と人口の被害暴露量になる。

4.2　地震発生直後の様相[2]

4.2.1　建物・人的・火災被害様相

建物関連の被害は，震動被害により老朽化した耐震性の低い木造建物が倒壊し，また耐震性の低いビル・マンションの倒壊や中間階の圧壊が発生する。そして，東京湾岸や河川沿いにおいて，地盤の液状化により多くの建物が，沈下・傾斜する。さらに，急傾斜地の崩壊により建物に損壊発生する。

人的被害は，建物倒壊や室内の家具などの転倒により，多数の死傷者が発生

表 4.1　震度階別の建物棟数

	都心南部直下地震（今回想定）									
	建物棟数〔棟〕					全建物棟数に対する震度別棟数比率				
	震度5弱	震度5強	震度6弱	震度6強	震度7	震度5弱	震度5強	震度6弱	震度6強	震度7
茨城県	374 991	446 310	22 375	0	0	29.3%	34.8%	1.7%	0.0%	0.0%
栃木県	338 575	58 194	0	0	0	34.3%	5.9%	0.0%	0.0%	0.0%
群馬県	262 896	79 606	0	0	0	25.9%	7.8%	0.0%	0.0%	0.0%
埼玉県	281 013	640 464	1 022 230	256 158	0	12.6%	28.7%	45.8%	11.5%	0.0%
千葉県	171 873	645 836	1 077 469	77 973	0	8.7%	32.7%	54.6%	4.0%	0.0%
東京都	11 647	105 106	1 488 554	985 726	1 180	0.4%	4.0%	57.0%	37.8%	0.0%
うち都区部	0	0	688 044	944 972	1 180	0.0%	0.0%	42.1%	57.8%	0.1%
神奈川県	44 185	397 476	1 393 766	382 398	0	2.0%	17.9%	62.8%	17.2%	0.0%
山梨県	107 142	5 677	0	0	0	22.5%	1.2%	0.0%	0.0%	0.0%
静岡県	244 419	6 041	0	0	0	14.4%	0.4%	0.0%	0.0%	0.0%
合　計	1 836 742	2 384 710	5 004 392	1 702 254	1 180	12.7%	16.4%	34.5%	11.7%	0.0%

〔注〕 平成23年1月1日現在の「固定資産の価値などの概要調書」（総務省）が前提。

表 4.2　震度階別の人口

	都心南部直下地震（今回想定）									
	人口（深夜）					総人口に対する震度別人口比率（深夜）				
	震度 5 弱	震度 5 強	震度 6 弱	震度 6 強	震度 7	震度 5 弱	震度 5 強	震度 6 弱	震度 6 強	震度 7
茨城県	785 357	1 114 043	60 776	0	0	26.4%	37.4%	2.0%	0.0%	0.0%
栃木県	683 817	119 568	0	0	0	34.1%	6.0%	0.0%	0.0%	0.0%
群馬県	529 881	152 021	0	0	0	26.4%	7.6%	0.0%	0.0%	0.0%
埼玉県	562 245	1 813 932	3 753 154	1 031 104	0	7.8%	25.2%	52.1%	14.3%	0.0%
千葉県	281 749	1 503 671	3 985 215	424 797	0	4.5%	24.3%	64.3%	6.9%	0.0%
東京都	25 976	350 178	7 224 999	5 489 228	9 494	0.2%	2.7%	55.0%	41.8%	0.1%
うち都区部	0	0	3 625 418	5 282 441	9 494	0.0%	0.0%	40.6%	59.2%	0.1%
神奈川県	101 163	1 244 621	5 809 812	1 902 137	0	1.1%	13.7%	64.1%	21.0%	0.0%
山梨県	201 474	12 843	0	0	0	23.4%	1.5%	0.0%	0.0%	0.0%
静岡県	538 568	10 474	0	0	0	14.3%	0.3%	0.0%	0.0%	0.0%
合　計	3 710 230	6 321 350	20 833 957	8 847 266	9 494	7.9%	13.4%	44.1%	18.7%	0.0%

	都心南部直下地震（今回想定）									
	人口（昼）					総人口に対する震度別人口比率（昼）				
	震度 5 弱	震度 5 強	震度 6 弱	震度 6 強	震度 7	震度 5 弱	震度 5 強	震度 6 弱	震度 6 強	震度 7
茨城県	763 599	1 029 396	46 519	0	0	26.9%	36.3%	1.6%	0.0%	0.0%
栃木県	672 820	112 525	0	0	0	33.8%	5.7%	0.0%	0.0%	0.0%
群馬県	538 849	144 075	0	0	0	27.0%	7.2%	0.0%	0.0%	0.0%
埼玉県	519 247	1 566 515	3 082 837	818 747	0	8.6%	26.0%	51.1%	13.6%	0.0%
千葉県	260 246	1 305 191	3 335 287	399 233	0	4.9%	24.6%	62.9%	7.5%	0.0%
東京都	23 726	334 608	6 642 674	9 170 276	13 126	0.1%	2.1%	41.0%	56.6%	0.1%
うち都区部	0	0	3 492 108	8 998 589	13 126	0.0%	0.0%	27.9%	72.0%	0.1%
神奈川県	93 632	1 016 243	4 681 060	2 127 902	0	1.2%	12.8%	59.1%	26.9%	0.0%
山梨県	200 017	9 603	0	0	0	23.5%	1.1%	0.0%	0.0%	0.0%
静岡県	561 154	9 749	0	0	0	15.0%	0.3%	0.0%	0.0%	0.0%
合　計	3 633 289	5 527 905	17 788 377	12 516 158	13 126	7.8%	11.8%	37.9%	26.7%	0.0%

〔注〕　平成 22 年国勢調査および平成 20 年東京都市圏パーソントリップ調査による推計人口が前提。

し，同時に建物倒壊に伴い多数の自力脱出できない生埋めの人が発生する。また多数のビルやマンションでは，膨大な数のエレベータが停止して閉じ込められる人が多数発生する。

同時多発火災も各地で発生する。そして初期消火ができない場合は，延焼火災となって火災面積を拡大させ，多くの建物が焼失する。

4.2.2　ライフライン被害様相

電力は，多数の電力会社設備が被災し，需要に対し供給能力が不足するため，停電が広範囲で発生する。水道は，上水道が一部で断水し，下水道が一部で利用できなくなる。そして，都市ガスの供給が停止する。

固定電話は，通信ケーブルの被害や停電などにより，大半で通話できなくなる。携帯電話は，伝送路である固定回線の不通などによる停波および輻輳により，ほとんどかかりにくくなる。インターネットは，プロバイダのサービスは継続されるものの，利用者側に通信ケーブルなどの被害などがある場合は利用できなくなる。メールの送受信は可能だが，遅延が発生する。

4.2.3　交通施設の被害様相

道路は，国道，都県道，市区町村道の多くの箇所で亀裂や沈下，沿道建築物の倒壊や電柱の倒壊などが発生し，通行が困難となる。高速道路は，被災と点検のため通行止めとなる。道路状況は，ひどい渋滞が発生し通行が麻痺する。

鉄道は，首都圏の新幹線・JR 在来線，私鉄・地下鉄の全線が不通となる。港湾は，非耐震の岸壁が被害を受け機能が停止する。空港は，羽田空港・成田空港が一時閉鎖する。

4.2.4　生 活 へ の 影 響

家屋が全壊や半壊したり，大規模火災が発生した地域は，住民などが避難所・（広域）避難場所に避難する。避難者を収容しきれない避難所も発生し，避難者が空き地や公園などにも避難する状況になる。

鉄道乗車中の乗客は，電車が地震により停止して近くの駅まで徒歩で誘導され，駅構内にいた利用者とともに駅舎内に留まる。駅舎のスペースには限りがあり，しばらくその周辺に滞留するが，一時滞在施設・避難所を求めて移動や帰宅を開始する。都心部では帰宅困難者が避難所を訪れることにより混雑し，避難所での水・食料などの応急物資が不足する。

ターミナル駅や高層ビルの周辺などにおいて，通勤・通学者や外出者などの人が路上に滞留し，膨大な数の帰宅困難者が発生する。

4.2.5　災害応急対応など

災害対応の核になる自治体は，自治体の複数の庁舎に損傷が生じ，使用できなくなる可能性がある。また，自治体などの職員は災害指揮命令権者や一般職員が被災し，道路・公共交通機関の被害により参集が困難になり，災害応急対策が混乱する。

災害対応活動は，停電，通信の途絶や道路渋滞などにより被害状況が把握できない。その上，緊急交通路や緊急輸送道路などにも徒歩帰宅者があふれ，救命・救急活動，消火活動，緊急輸送活動などに支障が生じる。また停電により，自治体から住民への緊急的な情報伝達に使える通信手段は，主に非常用電源による防災行政無線と緊急速報メールなどに限定される。また，各機関によ

表 4.3　地震発生時の人的な被害状況[2)]

人的被害状況	解　　　説
揺れによる建物被害に伴う要救助者（自力脱出困難者）	揺れによる建物倒壊などにより閉込め被害が発生し，救助が必要な人が約 5〜7 万人発生する。それに対して家族・近隣住民などによる救助活動が行われるが，重機などの資機材や専門技術を有する警察，消防，自衛隊などによる救助活動が必要となる。
被災地域内の救命・救助活動主体の不足	住民，警察，および消防（消防団）などにより，救命救助活動が行われるが，被災地域外からの応援は緊急交通路になる主要路線の啓開に 1〜2 日程度を要し，地震発生直後は被災地域外から道路を使っての救助部隊の移動が限定的になる。
膨大な数の要救命・救助者を搬送する救急車の不足	地震発生直後から膨大な人数の負傷者が発生する。しかし病院に搬送するための救急車の台数が不足する。病院などへの搬送ルートも道路被災や交通渋滞などにより時間を要し，病院などへの搬送後に救助現場に戻れる救急車数がさらに不足する。

りヘリコプターによる被害確認や救命・救急活動，緊急輸送活動が行われるが，被災地内の緊急ヘリポートが通信途絶に伴う連絡調整の困難などにより，円滑に確保できない。

地震発生時の被害状況の一部を**表 4.3**～**表 4.6** に示した。

表 4.4　地震発生時の上水道・電力の被害状況 [2)]

上水道の状況
上水管路や浄水場などの被災により，揺れの強いエリアを中心に断水が発生する。その範囲は，1 都 3 県で約 3～5 割（23 区は約 5 割）が断水する。被災していない浄水場でも，停電の影響を受け，非常用発電機を備えた浄水場は独自電力で運転を継続するが，非常用発電機の燃料がなくなった段階で運転停止する。避難所などでは，給水車による給水は限定的にしかできない。
電力の状況
震度 6 弱以上の火力発電所が概ね運転を停止する。電力会社の供給能力は，関東以外の広域的な電力融通（供給調整）を含めても日常時の約 5 割となる。多数の電力会社設備が被災した場合，需要に対し供給能力が不足し広域的に停電が発生する。電力会社設備の不具合による停電は，変電所などの単位で発生し，供給能力と停電していないエリアの需要がほぼ釣り合う状況となるまで停電が拡大する。1 都 3 県は，約 5 割（23 区は約 5 割）が停電する。

表 4.5　地震発生時の避難者の被害状況 [2)]

避難者の状況	解説
多数の避難者の発生	地震による建物被害や余震への不安などにより，多くの人が避難所や比較的近くの親族・知人宅などへ避難する。地震発生 1 日後で約 300 万人，うち都区部で約 150 万人が避難する。
指定避難所以外の公共施設などへの避難	東京都区部の指定避難所の収容可能人数は合計約 221 万人であるが，指定されている学校などの避難所だけでなく，避難所に指定されていない庁舎，文化ホールなど，公的施設，公園，空地などに避難する人が発生する。 防災関係機関の施設にも避難者が押しかけ，災害応急対策に支障が生じる。 指定避難所以外にできた避難のテント村などが当初認知されず，食料や救援物資などが配給されない事態が発生する。
帰宅困難者などの避難による混乱	帰宅困難者や徒歩帰宅者が避難所などに避難することにより収容力を超える避難所が生まれ，混雑が増長し，水・食料などの応急物資が不足することにより地域住民などとの混乱が発生する。
延焼火災の発生地域における混乱	延焼火災が発生した地域では，地域全体の住民などが避難するため，避難所への避難者数が特に多くなり混乱する。 避難所までの経路や，避難所において延焼火災による人的被害が発生する。

表 4.5 地震発生時の避難者の被害状況（つづき）[2]

避難者の状況	解説
避難所の避難スペースの不足	被害の大きな地域では避難所の収容人数が足りなくなる。学校では当初予定していた体育館や一部教室だけではなく，廊下や階段の踊り場なども避難者でいっぱいとなる。 耐震化が未了の避難所は地震により損傷を受け，木造建物の密集地域にある避難所は延焼火災の影響を受けて避難所が被災する恐れがあり，避難所の収容能力が見込みより減少する。また，避難スペースが天井などの非構造部材や設備の損壊などで使用不能となる。
避難所運営要員の被災	被害の大きな地域では自治体職員や学校職員などが被災し，避難所の開設・運営に支障をきたす。
通信機能の喪失	停電や電話の不通により，避難者のいる場所と避難者数の確認，救援物資の内容と必要量の確認が困難となる。 非常用発電機などがない避難所ではテレビなどが利用できない他，避難者のもつ携帯電話，スマートフォンなどはバッテリーが切れると利用できなくなることから，避難者が情報を得る手段が電池ラジオなどに限定される。
避難所における医療救護活動	避難者には負傷者も多く，避難者でもある医療関係者による看護や，医師の派遣による応急手当てが実施される。 避難所に避難した高齢者，身体障害者などの災害時要援護者に必要な医療・介護面のケアが行き渡らない事態が発生する。
屋外避難	自宅に残った人や避難所などへ避難した人が，余震が怖いなどの理由で屋外に避難する人が発生する。屋外避難者は人数が把握しづらくなるとともに，特に冬季は問題が深刻になる。 避難所には自動車による避難者も多く，学校のグラウンドなどは自動車で満杯となる。

表 4.6 地震発生時の食料・飲料水の被害状況[2]

食料・飲料水の状況	解説
被災地内外において膨大な物資の調達困難	食料は必要量が膨大で，都県・市区町村の公的備蓄物資や家庭内備蓄による対応では大幅に不足する。被災域内のコンビニエンスストア，小売り店舗の在庫は数時間で売り切れる。 膨大な数の避難者などが発生する中で，被災地内への物資の供給が不足し，被災地内外での買い占めが発生する。 飲料水は，備蓄飲料水，家庭内備蓄では大幅に不足し，都県・市区町村による災害用給水タンクなどからの応急給水が必要となる。 生活必需品の毛布は，都県・市区町村の公的備蓄物資による対応では大幅に不足する。 地震により住居を失わないものの，生活必需品などの不足が生じる在宅避難者が多数発生する。

4.3 地震発生当日から翌日・2日後の様相[2)]

4.3.1 被害状況

膨大な数の自力脱出困難者の救助が間に合わず，時間とともに火災や余震に伴う建物被害に巻き込まれるなどにより生存者が減少する。同時に木造住宅密集市街地などを中心に，大規模な延焼火災が発生する。また一部の電力の復旧とともに，通電火災が発生する。

地震で地盤が緩み，急傾斜地では余震や降雨によって新たな崩壊の発生や崩壊の拡大が生じる。

4.3.2 ライフライン被害様相

電力は，供給能力の回復が限定的であるため，電力会社設備の不具合による停電はほとんど解消されない。翌日以降に，電力需要が回復する場合，首都中枢機能を確保するため，都心部を除き需要抑制が行われる場合がある。

固定電話は，停電および電柱（通信ケーブル）被害などの影響により，地震発生直後の通話支障はほとんど解消されない。携帯電話は，基地局の非常用電源が数時間で停止し，地震発生数時間後から翌日にかけて不通エリアが最大となる。

上水道は，管路や浄水場などの復旧は限定的である。下水道も，管路や処理場などの復旧は限定的である。下水道の一部では利用できない状況が続き，避難所などでは大量のマンホールトイレ，仮設トイレなどが必要となる。

ガスの供給は，一般需要家への供給停止が継続する。

4.3.3 交通施設の被害様相

一般国道などの緊急輸送道路は，道路啓開が開始される。しかし，主要な路線を緊急輸送に使えるようにするためには，1～2日程度必要となる。一部の緊急輸送道路は，不通箇所が残る。

主要な幹線道路や環状7号線内側では交通規制が行われる。しかし，一般車両の誘導や放置車両の排除に時間を要する。さらに道路啓開の進捗状況によっては，交通規制は遅れる場合もある。

高速道路は一般車両の高速道路外への誘導，そして仮復旧などが行われる。高速道路での緊急通行車両などが通行できる状況になるのは，1日程度を必要とする。

都心部の新幹線・JR在来線，私鉄・地下鉄は不通のままである。そのため，郊外の自宅で被災した従業者は都心の事業所に向かうことができない。

港湾施設は，港湾施設の復旧，荷役作業の体制の確保などが始まる。羽田空港・成田空港は，点検後の地震発生当日から翌日にかけて順次運航を再開し，救急・救命活動支援，緊急輸送物資・人員などの輸送の運用が行われる。

4.3.4　生活への影響

被災地内の食料品店やスーパーマーケット，コンビニエンスストアの商品は，地震発生のその日のうちになくなり，避難所は，食料・救援物資などが不足する。そして被災者からは，衣類のニーズが高まる。

食料・飲料水の供給は，家庭内備蓄と都県・市区町村の公的備蓄で対応するが，物資が大幅に不足する避難所が発生する。また，自治体からの備蓄の食料・飲料水の配給は，避難者のいる場所・人数などの情報把握に時間を要し，避難所に配給が十分に行き届かない事態が発生する。

避難者が連絡をするために，避難所などでは，特設公衆電話，移動用無線基地局車の配備などによる限定的な通信確保が進められる。

高層マンションやビルなどは，エレベータの停止により生活や業務が困難となる。上下水道の支障により，飲料水の入手困難や水洗トイレの使用困難な状況が継続する。非常用電源で活動を続けていた施設でも，燃料の供給が滞るため，燃料供給が遅くなれば停電となる。

首都圏で本社機能などが被災した企業の活動が停滞し，被災地内の物資不足だけでなく，被災地外における生産・物流機能が低下する。また，外資系企業の国外撤退などが発生する。

4.3.5　災害応急対策など

被災状況の全体像把握のために，各機関によりヘリコプターによる上空からの情報収集が実施される。その中で，火災延焼により市街地大火となった地域は，鎮火するまでの1～2日程度は救助隊が近づけず人的被害が拡大する。

災害対応要員は，道路閉塞や渋滞，火災などにより移動に支障が生じ，被災者，避難者のいる場所・人数の確認，救援物資の内容・必要量の確認が十分にできない。被災地外からの救援活動は，道路啓開作業および道路渋滞のため，自動車は乗入れは限られ，早くても地震発生の翌日以降となる。

停電の継続により，病院は非常用電源が配備されている施設以外は治療が困難となる。しかし，通信は首都中枢機能を支えるエリアや施設などをカバーする主要交換機では，非常用電源が稼働するため，確保される。

多数の遺体の身元確認が，外国人や地方からの就労・就学者（中には住民登録を行っていない者が存在する），旅行者・出張者などにより困難となる。地震発生当日から2日後の被害状況の一部を**表4.7**，**表4.8**に示した。

表4.7　地震発生当日から2日後の人的被害の状況[2)]

人的被害の状況	解　　説
揺れによる建物被害に伴う自力脱出困難者の救助	膨大な数の救助件数になり，被災地で活動できる救助の実動部隊数にも限りがあるため，救助活動が間に合わず，時間とともに生存者が減少する。 倒壊した建物から救出された人でも，挫滅（ざめつ）症候群により死亡する人が発生する。
夜間に地震発生の場合	夜間に地震が発生した場合，被災地域外からの車両やヘリコプター，航空機などによる救助部隊や救急部隊の投入が遅延する。また，停電で照明が不足し，夜間の救助活動に支障が生じる。
負傷者搬送の困難	都心部が震度6強の強い揺れとなり，膨大な数の要救助者を広域医療搬送する必要が発生すると，救助活動が追い付かず72時間以内に救助できずに死亡する要救助者が多数発生する。

表4.8　地震発生当日から2日後の上水道・電力被害の状況[2)]

上水道の状況
停電エリアで非常用発電機の燃料切れとなる浄水場が発生し，断水する世帯が増加する。1都3県で約3～5割，東京都区部は約5割が断水したままである。管路被害などの復旧は限定的である。また被災した浄水場の復旧も限定的である。
電力の状況
電力会社設備の不具合に起因した停電は，需要が需要抑制などにより減少するため，需要の減少分に応じて，地震発生直後に停電した地域の一部にも供給が再開される。電柱（電線）被害などの復旧は限定的である。また，1都3県で約5割，東京都区部は約5割の住民が停電したままである。 電力事業者間で電力の融通が行われる。これは静岡以西の60 Hz帯の電力事業者や東北電力などの供給力に余裕がある場合，連系線の空き容量分の融通が可能になる。 建物被害などによる電力需要の落込みが小さく，電力需要の回復が供給能力を上回る場合は需要抑制が行われる。 社会的影響を考慮して，首都中枢機能や都心3区などは，東日本大震災のときと同様に，需要抑制が回避される場合がある。

4.4　地震発生から3日後の様相

4.4.1　ライフラインの被害様相

ライフラインの復旧に対して被災地外からの復旧支援は，道路の渋滞などにより移動の制約があるが，本格化し始める。

電力は，電力会社の設備の不具合に起因した停電はほとんど解消されない。しかし，電力需要が回復していくため，都心部を除いた計画停電を含む需要抑制が行われる場合がある。

固定電話は，停電および電柱（通信ケーブル）被害などの影響により，地震発生直後の通話支障はほとんど解消されない。

水道は，上水道は浄水場の運転が再開するが管路の復旧が進まず，一部で利用できない状況が継続する。下水道は処理場の運転が再開するが管路の復旧状況により，一部で利用できない状況が継続する。

都市ガスは復旧が徐々に進むが，多くが供給停止したままである。

4.4.2 交通施設の被害様相

道路は，高速道路は緊急交通路として緊急通行車両などのみ通行が可能となる。直轄国道などは一部で不通区間が残るが，緊急輸送道路が概ね啓開される。主要な幹線道路，環状7号線内側の交通規制が継続されるが，通行可能な道路が徐々に拡大される。

鉄道は，都心部の新幹線・JR在来線，私鉄・地下鉄は不通のままである。そのため，避難所の不足などから被災地外に移動したい被災者が多く存在するが，ほとんど移動できない。

優先的に啓開した港湾で入港が可能となり，船舶による緊急輸送が始まる。

4.4.3 生活への影響

避難所に行かない自宅在宅者が，食料・物資の不足や断水の継続，エレベータの停止などの理由から避難所に移動し始める。そのため避難場の避難者の数が増大する。また，被災者からは温かい汁物や，副菜のニーズの他，水道・ガスなどのライフラインの復旧に伴い，調理が必要な加工食品のニーズが高まる。

ガソリンスタンドは，停電でポンプが使用できなくなる状態もあり，営業困難が続くので緊急通行車両などへの効率的な給油ができず，緊急物資輸送などに支障が発生する。そのため燃料不足から非常用発電，工場の稼働，避難者の

表4.9 地震発生から3日後の避難者の状況[2)]

避難者の様相	解　　説
避難者の増加	断水・停電が継続することなどにより自宅での生活が困難となることから，避難者が増加する。地震発生から2週間後で約720万人，うち東京都区部で約330万人となり，指定避難所収容可能人数を超える規模となる。
食料・物資の調達，配布不足	避難所において食料・救援物資などが不足する。乳幼児，高齢者，女性などの特別な物資ニーズをもつ避難者に対応した救援物資が不足する。
照明，冷暖房機能の喪失	停電が継続し，非常用発電機などがない避難所では，夜間は真っ暗，また暖冷房が機能していない状況下で避難生活を余儀なくされ，生活は困難になる。
飲料水，トイレ用水の不足	上水の断水が継続し，飲料水の入手や水洗トイレの使用が困難となる。

表 4.9　地震発生から３日後の避難者の状況（つづき）[2)]

避難者の様相	解　説
避難所のし尿・生活ごみの蓄積	ごみ収集，し尿処理収集の遅れで避難所に生活ごみや仮設トイレのし尿があふれ返り，避難所の衛生状態に悪影響が生じる。
感染症などの発生	冬は寒く風邪やインフルエンザなどが蔓延し，夏は暑く衛生上の問題が発生するなど，避難所での生活環境が悪化する。
屋外避難	避難所などに入り切れない避難者は車内に寝泊りすることなどにより，静脈血栓塞栓症（エコノミークラス症候群）などで健康が悪化する。
避難所の開設・運営ノウハウをもつ人材の不足	警察，消防，自衛隊などの多様な救助関係機関やボランティアなどが，捜索・救助活動や災害廃棄物撤去，物資管理・配送などの支援を行うが，避難所の把握や避難者ニーズの把握，食料・水の確保，入浴支援などの人材が不足し，これらの支援についても実施する状況となり，本来の活動が遅延する。
避難所生活のルール・マナーの必要性	地震発生当初はハネムーン現象により愛他的に接する人が多いが，日数が経過するにつれて自分の家のように空間を独占するなどの迷惑行為が発生する。 食料・救援物資の配給ルールや場所取りなどに起因する避難者同士のトラブルが発生する。 過密な避難状況やプライバシーの欠如から，避難所からの退去や屋外避難する避難者が発生する。
ペットの扱いに関するトラブル	避難所においてペットに関するトラブルなどが発生する。また，広域避難などに伴い，ペット・家畜などを飼い続けることが困難となり，被災地などにペットなどが多く残される。
遠隔地への広域避難	避難所の不足から，被災地域外に移動したい被災者が多く存在するが，公共交通機関が運行を再開していない間はほとんど移動できず，劣悪な環境の下での避難生活となる。 自宅建物が継続的に居住困難となるなどの理由から従前の居住地域に住むことができなくなった人が，遠隔地の身寄りや他地域の公営住宅などに広域的に避難する。 遠隔地に避難・疎開する避難者が中間地点の避難所に避難するため，他市区町村の情報を避難者に提供する必要が発生する。
被災者による避難所の自主運営	避難所運営は，発災直後は学校の場合は教職員などの施設管理者が中心だが，発災３日後程度以降から自治組織中心に移行する。そして時間経過とともに，徐々にボランティアなどが疲労し，人数も減少し，被災者自らによる自立した避難所運営が必要となる。 高齢者比率が特に高い地域，複数地域から避難者が寄り集まる避難所などでは，自立のためのマンパワー確保や自治組織の形成が困難で避難所自治が成立せず，生活環境の悪化につながる。
避難所間の格差	自治体間や避難所間で，食事の配給回数やメニュー，救援物資の充実度などにばらつきや差が生じ始める。また，交通機関途絶によるアクセス困難などから，ボランティアや救援物資に避難所間の格差が生じ，避難者に不満が発生する。

暖房などに支障をきたす。

避難所などで，仮設トイレの設置不足，し尿収集・運搬体制の不足により衛生状態の悪影響が生じる。

停電や物資不足などの継続が続き，地域によっては社会不安が生じる。

地震発生から３日後の避難者，１日～数日後の食料・飲料水の状況を**表 4.9**，**表 4.10** に示す。

表 4.10　地震発生から１日～数日後の飲料水・食料被害の状況[2)]

飲料水・食料 概ね１日後～数日後	解　　説
膨大な物資の調達困難	被災地での食料が大幅に不足する。また，古着を含め衣類のニーズが高まる。さらに停電や通信状態の不調，マンパワーの不足などにより，被災者の物資ニーズの把握が困難となる。
全国的な買占めなどによる物資の枯渇	物資不足の報道が連日なされることで，被災地に支援するための購入や，自らの必要量以上の買占めが全国的に発生する。
道路の寸断や渋滞などによる物資の配送困難	被災地外から大量の支援物資が被災地に流入するため，道路渋滞が発生し，物資の確保および配送が遅延する。また，道路の寸断により，輸送ルートが確保できず，被災地外からの商品供給や被災地内で店舗への配送が困難となる。順次，緊急輸送道路の啓開は進捗し，部分的に放射系道路が使用できる状態になった段階で，被災地域外の物資の搬入が可能となるが，燃料不足による搬送困難は継続する。
支援物資の管理上の混乱	膨大な量の支援物資などが流入し，保管スペースが不足する。また，多様な支援物資が送られ，どこになにがどのくらいあるのか，適切な管理ができず効率的な作業ができない。
食料などの販売停止	被災を免れた被災地内外の大型小売店などでは営業を継続し，食料などの物資の販売・供給を実施するが，物流センターなどの被災がある場合は，店舗への商品供給が停止する。また，通信網の寸断や情報システムの損壊により，商品の受発注が困難になる。 小型小売店などでは，被災し開店できずに食料などの販売ができなくなる。
本社機能などの喪失による物資調達・流通機能の低下	東京に本社を置く企業が被災し，被災地外でのバックアップ機能が十分に機能せず，全国で確保可能な自社の物資の把握，被災地への搬送手段の確保などが効率的に進まず，結果として被災地内の物資不足だけでなく，被災地外における物流機能の低下にもつながる。

4.5　地震発生から1週間後以降の様相[2)]

4.5.1　ライフラインの被害様相

地震発生3日後の状況が続き，電力は，電力会社設備の不具合に起因した停電がほとんど解消されない。そのため都心部を除き計画停電を含む需要抑制が行われる場合がある。

通信は，固定電話が停電の影響により，地震発生直後の通話支障がほとんど解消されない。また，電柱（通信ケーブル）被害などに起因した通話支障は大部分が解消される。さらに，計画停電によって停電するエリアで，固定電話・携帯電話の交換機・基地局が停電し，通話支障が発生する場合がある。

上水道の管路の復旧が徐々に進み，断水が徐々に解消されていく。また下水道の管路の復旧が徐々に進み，利用支障が徐々に解消されていく。

都市ガスは，被災地外からの要員応援により復旧が加速するが，供給停止が解消される需要家は限られる。

4.5.2　交通施設の被害様相

高速道路・直轄国道などの一部で交通規制が解除される。

新幹線の全線および地下鉄の一部路線が復旧する。JR在来線，私鉄の一部は運行を始めるが，被災した多くの箇所は不通のままである。バスによる代替（だいたい）輸送が開始されるが，需要をまかないきれない。

4.5.3　生活への影響

断水・停電などの影響もあり，避難所にいない自宅在宅者が避難所に移動することにより，避難所避難者数はますます多くなっていく。そのため，多数の避難者が避難所での生活を送るようになり，日数が経過するにつれ，食料や救援物資の配給ルールや場所取りなどで避難者同士のトラブルが発生する。

自宅での生活が可能になる被災者を中心に，生活雑貨のニーズが高まる。また自炊が可能になるとともに，生鮮食料品のニーズが高まる。

自治体間や避難所間で，食事の配給回数やメニュー，救援物資の充実度などにばらつきや差が生じ始める。

指定避難所以外の避難所が多数発生し，状況の把握が困難になる他，支援が十分に行き渡らない避難所が発生する。

居住地域に住むことができなくなった人が，遠隔地の身寄りや他地域の公営住宅などに広域的に避難する。

被害が小さい製油所での安全確認が終了し，再稼働が始まる。しかし被害の大きな製油所などは引き続き停止している。

腐敗性廃棄物などによる悪臭・衛生状態の悪化による二次災害の恐れが生じる。

表 4.11　地震発生から 1 週間以降の飲料水・食料の状況[2)]

飲料水・食料等 概ね 1 週間後～	解　　説
物資の生産・供給困難	飲食料品の製造工場のみならず農産物の生産地や包装材などの工場が被災し，食料などの生産・供給が困難となる。また，小売店などに供給できる商品量が減少する。
燃料不足による物資の調達・配送困難	道路・港湾などの交通インフラが復旧しても，物資を運ぶトラックの燃料が不足し，物資の調達・配送が困難となる。
被災者の物資ニーズの変化	被災者からは，水道・ガスなどのライフラインの復旧に伴い，調理が必要な加工食品のニーズが高まる。古着のニーズは低下し，新品衣類のニーズが高まる。 古着，おにぎりやパンなど，緊急用の意味合いが強い支援物資については敬遠され，消費されずに余るようになる。
物的資源の不足	道路・鉄道・港湾の復旧が遅れ，停電・燃料不足が数日間以上に及び，支援物資および食料などの商品の輸送が十分に行えない状態が長期化する。そのため被災地で飲料水・食料や医薬品などの不足により著しく体調を崩す人が多数に上る。 農産物の生産地や加工包装などの工場などの被災，道路・鉄道・港湾の復旧遅れや停電・燃料不足による農産物・加工品などの輸送・供給の数日間以上の停止により，被災地以外でも物資不足が深刻になる。 膨大な数の水・物資ニーズを首都圏に集中させるオペレーションが，物資の量の調達および確実な搬送システムの確保の両面で機能せず，被災地内が慢性的な物資不足に陥り，略奪などの社会不安につながる。

遺体の安置場所，棺，ドライアイスが不足し，夏季には遺体の腐乱などによる衛生上の問題が発生する。また，火葬場の被災，燃料不足などにより火葬が困難となり，衛生上の問題から土葬が必要となるが，都市部では土葬の可能な場所が限定されることなどから，遺体の処理が困難となる。地震発生から1週間以降の飲料水・食料，避難者の状況を**表4.11**，**表4.12**に示す。

表4.12　地震発生から1箇月後以降の避難者の状況[2)]

避難者の概ね1箇月後～	解　　　説
避難所，車中避難の長期化	ライフラインの復旧などの遅れに伴い，自宅建物に被害を受けていない住民であっても避難が継続される。また長期間にわたる車中泊の避難者に静脈血栓塞栓症が発症。
避難所の多様化	交通機関の部分復旧などに伴い，遠方の親族・知人などを頼った帰省・疎開行動が始まる。そのため避難者が全国各地に散らばり，住まいや生活の再建に向けた支援情報など行政情報の提供が困難となる。 民間賃貸住宅への入居，勤務先提供施設への入居，屋外での避難生活（テント，車中など）なども見られるようになる。 「自宅の様子が知りたい」，「生活基盤のある土地から離れたくない」，「子供を転校させたくない」，「遠いと通勤・通学に時間がかかる」などの理由から，自宅近くの避難先を選択するケースも多く，居住地周辺の避難所避難者数が減少しない。
避難所内でのトラブル	避難所の救援物資の大量持帰り，部外者の出入りや避難者の無断撮影，盗難などのトラブルが発生する。
避難者ニーズの変化	避難所生活に慣れたころで，配給された食事が冷たい，メニューが単調，温かい風呂に入りたいなど，生活環境への不満が積もる。 被災者のニーズは時々刻々と変化し，モノ・情報のさまざまなニーズに対応しきれなくなる。
避難生活の長期化に伴う心身の健康不安	避難所や避難所外への避難者だけではなく，在宅生活者においても，生活不活発病となる人が増加する。そして生活環境の変化，悪化，寒さなどにより，高齢者などを中心に罹病，病状の悪化，不眠などの症状が発生する。 避難所で活動する職員やボランティアで，過労やストレスにより健康を害する人が発生する。 避難所におけるプライバシーの確保が困難となり，生活に支障をきたすとともに，精神的ダメージを受ける人も発生する。 水やトイレの使用などの制約が極限に達し，特に高齢者や障害者などの生活や健康に支障をきたす。 外国人などでは，生活習慣の違いから，精神的ダメージを受ける人も発生する。
避難所の解消の困難	避難所生活が長期化し，避難所の解消が遅れる。そして避難所となっている学校では授業再開に支障をきたす。

コーヒーブレイク

首都中枢機能への影響—政府機能，経済決済機能，企業[†]

東京は，日本の政治，行政，経済中枢の機関が高度に集積している。首都直下の地震により中枢機能に障害が発生した場合，日本全体の国民生活や経済活動に支障が生じる他，海外にも影響が波及する。

政府機関などの業務継続に支障が生じた場合，政府が常時遂行しなければならない国家としての業務が停滞する。また災害対応における情報の収集・分析が円滑に行われず，実施すべき政治的措置の遅延が生じ，政府からの指示や調整などが円滑に実施されない。

政府機関などの機能は，官公庁施設の耐震化も進んでいるため，建物が倒壊するなどの大損傷が生じる恐れは小さい。しかし設備や配管などの損傷，データ復旧困難などにより，多くの機関が業務再開までに時間が必要になる。また，ライフラインは政府機関で優先的に復旧がなされることになっているが，交通の麻痺，停電や通信の途絶などにより，復旧に大幅な時間を要することが予測される。そして，最も政府機能継続の障害は，夜間および休日に地震が発生した場合，交通機関の運行停止により，職場に参集できる職員数が圧倒的に不足することである。

経済面では，首都地域が資金決済機能や株式債券の決済機能などにおける中枢機能であるのに加え，日本の生産，サービス，消費の中心地であり，大企業の本社などの拠点が集中している。それだけでなく中小企業やオンリーワン企業も数多いことから，首都地域の経済活動の停滞は日本全体の経済の行方を左右する。

経済中枢機能などでは，日本の金融決済システムは，資金決済システムと証券決済システムに大別され，最終的な資金の決済は，主として日本銀行金融ネットワークシステム（日銀ネット）で行われる。日本銀行では，地震発生時にシステムの継続性を確保するため，十分な耐震化がなされると同時に，十分に時間稼働させることが可能な非常用発電設備や，夜間・休日の地震発生にも対応できる初動対応職員の確保がされている。そして，東京都内のシステムに不測事態が発生した場合の大阪のシステムへの切替えと重要データの同期などにより，高い堅牢性が確保され，地震発生当日中に機能を回復し，当日中の資金決済を終えられる体制が整えられている。

† 中央防災会議　首都直下地震対策検討ワーキンググループ：内閣府　首都直下地震の被害想定と対策について（最終報告，平成 25 年 12 月）
http://www.bousai.go.jp/jishin/syuto/taisaku_wg/pdf/syuto_wg_report.pdf

また，国内のほとんどの民間金融機関が接続する全国銀行データ通信システム（全銀システム）は，東京と大阪のセンターが常時運行するなど，高い安定性を備え，資金決済の不全などを原因とする企業活動の停滞などが生じる可能性は小さい。

証券決済システムは，東京証券取引所や日本証券クリアリング機構，証券保管振替機構，日本銀行などによって，株式や国債などの債券の取引，清算，決済が行われている。株式取引では，東京証券取引所データセンターは高い耐震性と十分な非常用発電設備を有し，遠隔地のバックアップセンターとのデータの同期などがなされている。そのため被災した場合も24時間以内に取引の再開が可能な体制が整えられている。株式や債券の清算，決済機能における基幹的なシステムを担う日本証券クリアリング機構や証券保管振替機構のデータセンターも，高い耐震性と十分な時間稼働させることが可能な非常用発電設備をもち，概ね2時間以内を目標にバックアップセンターへの切替えなどを行い，業務を再開することが可能である。しかし，証券取引は，大規模な災害発生・被害の拡大などの社会情勢，情報が錯そうする中での流動性や価格形成の公正性・信頼性，証券会社などが被災した場合の市場参加者に対する機会の平等の確保などの観点から，一時的に取引が停止されることも想定される。一方，インターネットや海外などを中心に，被災情報や証券市場などに対する風評が流布され，市場の不安心理が増幅する恐れがある。

企業は，首都圏に本社系機能が集中しているため，本社系機能の停滞は全国の関係店舗・工場，顧客・取引先，消費者などに影響が及ぶと予測される。企業の取引先などに対する製品やサービスの供給責任への対応は，企業の安定性・信頼性への評価，信用力にもつながるため，多くの企業において業務継続計画の作成，非常用電源の確保が進んでいる。しかし，停電が長期化した場合の事業運営，通信手段の途絶，コンピュータシステムやデータが損傷した場合のバックアップなどに脆弱性を有している場合もある。また，鉄道の運行停止や道路交通の麻痺により，夜間や休日など役職員・従業員の出社困難となる場合も機能が停滞する。

このように東京という首都における大規模震災は，日本の他地域の震災とは異なり国の中枢機能が被害を受けるため，日本全体が機能できなくなり，それが世界へと広がっていく危険性がある。

引用・参考文献

1) 内閣府　首都直下地震対策検討ワーキンググループ：首都直下地震の被害想定と対策について（最終報告）～施設等の被害の様相～（平成 25 年 12 月）
http://www.bousai.go.jp/jishin/syuto/taisaku_wg/pdf/syuto_wg_siryo02.pdf
2) 内閣府　首都直下地震対策検討ワーキンググループ：首都直下地震の被害想定と対策について（最終報告）～人的・物的被害（定量的な被害）～（平成 25 年 12 月）
http://www.bousai.go.jp/jishin/syuto/taisaku_wg/pdf/syuto_wg_siryo01.pdf

地震リスクマネジメント

前章までに，具体的な自然現象（特定の地震）を前提とした被害想定および被害様相に関して述べた。具体的な自然現象を明確に定義し，その被害様相を関係者で共有することで，必要な対策を議論することが可能となり，具体的な防災・減災の施策を推し進めることが可能となる。

一方，ハード対策，ソフト対策などの対応策の合理的な意思決定には，前提とする自然現象（地震）の発生に関する蓋然性（確率）も考慮する必要がある。

本章では，確率を考慮したリスク概念の重要性と，それに基づく，具体的なリスクマネジメントの方法論や具体事案などについて俯瞰し，その有用性について述べる。

5.1　リスクとリスクマネジメント

5.1.1　リスクの概念

リスクという言葉は，一般にも普及したなじみのある言葉となっているが，その定義は，分野によりさまざまである。工学の分野では，ある工学システムに与える特定の影響事象の影響度と確率，すなわち「確率 × 影響度」として定義されることが多い。影響度の測定は，対象とする工学システムやその産業分野特有の問題であるが，リスクの定義に，事象の影響度と確率を双方含めることにより，リスクベースの意思決定が可能となる。

特に，原子力発電所や化学プラント，土木・建築構造物，航空機や海洋構造物の設計・製造・維持保全の分野では，リスクベースの設計やメンテナンス

（リスクベース工学と総称される）の手法が提案されている。これらは，多額の投資が必要な大規模なプロジェクトによる一品生産の構造物や機械であり，実物試験体による強度試験や品質試験が不可能なものである。これらの全体としての工学システムが当初想定した要求事項（性能）を満足しない，あるいは当初想定している要求事項を超える事象が発生した場合に，事故・災害が顕在化する。これらの事故・災害を抑制するために，設計段階で，経済合理性の下に安全性を追求することになる。ここで考慮すべきことは，「満足すべき要求事項がなにか」「その要求事項を達成できる確率はどれほどか」「その要求事項を満足しないときの影響度はどれほどか」といったことになる。「要求事項を達成する確率」の算出には，ある起因事象を頂点に樹形図で事象の連鎖を表現するイベントツリー（ET）や，ある故障モードを頂点に関与可能性のある故障イベントを連鎖させるフォルトツリー（FT），あるいは荷重と耐力のばらつきを考慮した限界状態関数を使って破壊確率を求める，といったことが行われる[1)]。ただし実際には，必ずしもすべての設計においてリスクベースの考え方が実践されているわけではない。例えば，建築基準法が要求する設計用地震力は，地域により多少差があるが，明確にリスクベースの概念で定義されたものではなく，建築基準法を満たすように設計・建設された建築物がどの程度のリスクを許容しているかは，一般には明確にされることはない。

リスクという概念は，設計やものづくりに関わる分野にだけ必要とされる概念ではない。一般社会で耳にするリスクといえば，例えば，環境汚染や放射性物質に起因するリスク，金融商品に関わるリスク，交通事故や病気・けがに関するリスクといったものである。また，企業経営においては，法令違反やコンプライアンスについてのリスク，瑕疵（かし）や製品事故についてのリスク，異常気象や災害に関するリスク，戦争・テロや政変などに関わるリスク，情報漏えいやシステムダウンに関わるリスク，といったものが挙げられる。

このように日常でリスクという言葉が用いられる際，定義が明確にされることはほとんどないが，一般には，ある災害が顕在化した場合など，負の影響を含めて使われることが多い。ハイリスクハイリターンという言葉があるとおり，リターンを得るためにリスクをとる，という行動は常識的であるが，リスクだけをとる，という行動は非常識的である。すなわち，リスクがゼロである社会は現実ではないとすれば，極力，リスクをとりたくない，と考えるのが人間の基本行動であることに異論をはさむ余地はないだろう。

2011年3月11日の東日本大震災では，安全であると考えられてきた原子力発電所で事故が発生した。事故報告書[2)]によれば，深層防護の第3層までの事故を防ぐ努力をした反面，第4層以降の事故の事後対応が十分ではなかった，とされている[3)]。東日本大震災前後における，「安全」「危険」の概念の変遷を**図5.1**に示した。工学システムの安全に関する分野では，従来，規基準類で定められた許容値を下回れば安全，そうでない場合は危険という二者択一的な考えが主流であった。しかし，二者択一の扱いでは，安全側の判定のために過剰な余裕を必要としたり，逆に，安全を過信して危険性を見落としたり，といったことにつながりかねない。

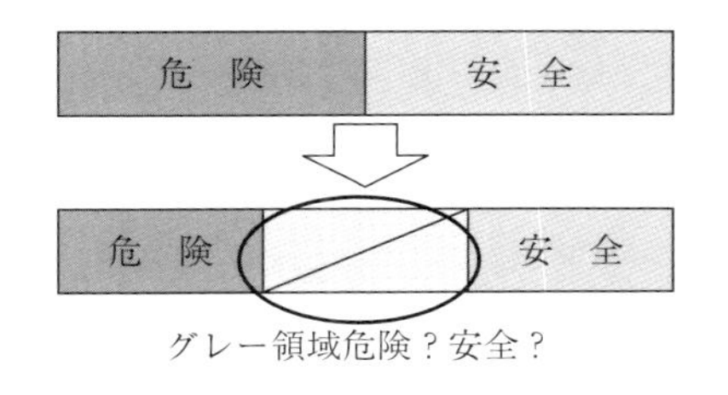

図5.1　リスク概念と安全・危険[3)]

前述のように，建物の耐震性については，建築基準法が要求する耐震性能がどの程度のリスクを許容しているかは明確にされていない。例えば，「震度6強までは耐えられる」といったように，ある限界値までは安全という表現がなされる場合があるが，「震度6強までは耐えられる」ことは，「震度7では耐えられない」ことを意味するわけではない。逆に「震度6強までは耐えられる」と謳（うた）われていても，震度6強で損壊する可能性がゼロであるわけではない。すなわち，図5.1の模式図のように，実際には，安全と危険の間にはグレーゾーンが存在する。従来，設計においては，このグレーゾーンを「安全率」という概念を用いることで，設計者はグレーゾーンを意識せずに設計することができた。また，その結果，建物などのユーザには，そのグレーゾーンの存在が，能動的・明示的に伝えられることはなかった。しかし，2011年の東日本大震災は，高いレベルの安全が確保されていると信じられていた原子力発電所のような産業施設においても，この安全と危険の間のグレーゾーンが存在することを再認識させられることとなった。

ここで，リスク概念について，もう少し視野を広げて考えてみる。リスクは，前述した工学分野だけでなく，自然科学，医学，社会科学，経済学，心理学といったそれぞれの分野で研究が進められてきた。リスク研究がそれぞれの分野で扱われてきた背景には，人間がリスクに対峙したときにその意思決定をどのように行うか，という本質的な問題がその根底にあったからにほかならない。リスク分析・意思決定研究の第一人者であるフィッシュホフとカドバニーは，リスクについて，「リスクの意味はリスクの意思決定の中から引き出される」としている[4]。すなわち，リスクの意味が先に存在するのではなく，リスクに対して意思決定をしようとする文脈との相対的な関係の中において，リスクの意味が決まるというのである。

リスクに対する意思決定は，ほとんどすべての人間が無意識に実践していることでもあるが，フィッシュホフとカドバニーが示唆する内容は，リスクについて本質的なものといえる。本節で，工学の分野でのリスクの定義として，「確率 × 影響度」が用いられることが多いことを説明したが，その定義は絶対的なものではない。リスクを定義する場合，リスクに対する意思決定にその定義がどの程度適しているかが重要な観点である。

ここで，経済分野を含め，過去にどのようなリスクの定義がなされてきたのかを俯瞰する。経済学者のナイトは，先験的確率あるいは統計的確率によって数値計算することが可能な，測定可能な不確実性を「リスク」と定義し，生起頻度がほとんどなく確率も不知であり測定不可能な不確実性を，（真の）「不確実性」と定義した[5]。すなわち，「リスク」とは，客観的な査定・分析に基づき数値計算が可能なものであり，それ以外の客観的な確率が測定できないものを「不確実性」と分類した。また，酒井[6]は，ナイトによるリスクの定義を，さらに分類し以下のように解説している。

先験的確率：サイコロの１の目の出る確率のように，数学的にもとまるもの

統計的確率：交通事故死亡率や降雨確率のように経験的に決まる数値。一定の誤差内で経験的に信用できる確率

真の不確実性：確率も過去の生起確率もわからない測定不能な不確実性

また，米国の物理学者ハロルド・ルイスは，リスクを以下のように分類している[7),8)]。

① 被害が身近にあり経験も多く，その損害の程度や生起確率については十分な知識があるようなリスク。例えば，火災や交通事故。

② 生起確率はきわめて低いものの，いつかは起こることがわかっており，しかもその場合の被害が甚大であることが予想されるようなリスク。例えば，巨大地震や隕石の衝突。

③ 上記②と類似しているが，これまで起こったことがなく，予想される被害はさらに甚大であるようなリスク。核戦争や壊滅的な地球規模汚染。

④ 影響は確かに存在するが，その影響の程度が他の影響の中に隠れて見えなくなる程度であり，したがってその効果の計算が困難であるようなリスク。化学物質や低量の放射線による影響。

ナイトや酒井，ルイスの分類において共通するのは，統計処理が可能な事象とそれ以外を，明確に意識して分類していることである。統計処理が可能か否かには絶対的な判断基準はないが，少なくとも火災や交通事故のように大数の法則が成立する事象と，過去にそれほど多く発生していない（あるいは発生したことがない）事象とは，リスクの定義において分けて考えるべきものであるといえる。

過去の地震発生は，古文書や地質調査に基づくデータ整備により，かなりのことがわかってきている。また地震計による地震観測網も阪神大震災以降に充実し，観測記録は相当に蓄積されている。したがって，中小地震の発生については，ある程度の統計的な傾向分析が可能になっている。また過去に発生したことがないマグニチュード９のような巨大地震については，統計分析は不可能

であるが，理学的な知見に基づき過去の統計情報の少なさを補完して，その発生についての確率情報を与えることが行われている[9), 10)]。

地震の発生だけでなく地震による物理的な被害も，確率的に定量評価することは可能である。地震の規模や発生場所から各地点で想定される地震動の強さは，統計的に算出可能なことが知られている。また，構造物の耐震性の違いにより，同じ地震動の強さでも倒壊率に差があることも過去の地震被害から明らかとなっている。そのため地震による建物の倒壊などによる被害といったリスクは，一定の推定誤差の下で確率的に定量評価することが可能となっている。

このように，現実的に発生する可能性のある現象を，数値計算や数式を使って模擬することをモデリングという。モデリングにより，必ずしも統計情報が十分でない事象についても，その発生を確率的に記述することが可能となる。モデリングにより科学的に定量評価されたリスクが，ナイトによる「真の不確実性」まで包含して表現されているわけではない点に留意が必要だが，「確率×影響度」のようなリスクの定義により意思決定をする場合には，モデリングが有益な手法となるのである。

5.1.2 リスクと確率

確率的な概念に基づきリスクを定量評価することには，二つのメリットがある。一つは，異なる災害，例えば地震と台風，あるいは交通事故のような直接には比較できない災害を比較することが可能になる点である。人間心理や行動経済学の視点も含めて考えると，異なる災害によるリスクを比較することは簡単ではないが，ある施設が地震と台風で損壊する確率を異なる災害同士で比較することは可能になる。逆に，物理的な災害強度，例えば台風の風速，津波による浸水深と地震の震度やマグニチュードとの比較は意味をなさない。また，各災害の経済的損失リスクを表現したとしても，その生起確率の情報がなければ，比較はできない。しかし，「100年に一度の頻度で発生する損失」とリスクを定義すれば，比較が可能となる。

確率的なリスク評価のもう一つの利点は，低頻度・低確率であっても，確率ゼロではないことが明らかになるという点である。すなわち，「絶対安全」という概念からの決別が可能となるのである。リスクを考えるということは，どんなに小さい確率でも発生する可能性を考えることである。絶対に発生しないのであれば，それはリスクではない。リスクという概念を考えることで，わずかであっても，その発生の可能性について想像をすることになる。

リスクの定義は，リスクに対する意思決定の問題と切り離せないことを述べた。災害分野では，リスクを「確率 × 影響度」と定義しその数字の大きさ，すなわち「確率 × 影響度 = 期待値」の期待値が大きいほどリスクが大きい，という考えに従ってリスク対応の意思決定を行う「期待値基準」の考え方が中心であった。

一方，近年のリスク研究の発展に伴い，期待効用理論[11)]や行動経済学の分野におけるプロスペクト理論[12)]が提唱され，不確実下の意思決定について多くの考え方が提唱されるようになった[13)]。また，リスク認知の観点でも，ヒューリスティックや認知バイアスに着目した多くの研究がなされてきた。

ヒューリスティックとは，直感などによって簡便的にリスクを判断することである。土田は[14)]，ヒューリスティック処理の例をいくつか挙げ，地震に関連するものとして，以下のように述べている。

> 重大な/致命的な（catastrophic）危険の大きさによってリスク判断する。大地震や航空機事故など，いったん発生すれば重大かつ致命的な被害がもたらされるものは大きなリスクであると判断するのに対して，発生しても比較的甚大な被害はもたらさないもののリスクは小さいと判断する。このヒューリスティック処理の場合，発生の頻度・確率が無視されるため，頻繁に生じる小・中規模被害のリスク事象が過小評価されやすく，生起確率が低い大規模被害のリスク事象が過大評価されやすい。

これは頻繁に起きる中小地震より，きわめて大きな地震はリスクが大きいと判断されやすいということである。実際，人命安全に関わる対策は理詰めの分析ではなく，本能的なヒューリスティック処理に基づく判断がなされることもある。しかし地震に起因するリスクは，人命だけではなく，将来起こる地震に備えて地震の前に耐震補強をするか，地震保険に加入すべきか，あるいは無対策とするかという判断を迫られる場合がある。この場合でも，一定の直感的な判断が前提となるが，耐震補強にかかる費用や地震保険料と各自が想定する「リスク」を無意識に比較しているのではないだろうか。これは，地震による被害を，「経済損失」という定量化できるリスク量に換算して，「損得」を勘案しているのである。このように地震による経済損失を考えると，定量化されたリスクに基づいてリスク対応の判断を下すことは，人間の基本行動に照らし合わせても合理的なものである。

以上の説明から，地震リスクを下記の定義に基づくものとする。

「望ましくない出来事が起こる可能性と結果（被害の大きさ）の組合せ」

すなわち

確率 P × 影響度 C

として定義されるリスクを考える。これは，一般に災害の分野で用いられることの多いリスクの定義である[1), 7)]。

地震について，この定義では，確率 P は地震の発生確率，影響度 C は地震が発生した場合の影響度，例えば経済的な損失や死傷者数となる。P も C も小さければ，相対的にリスク対応の対象から外れる。P が極小でも C が甚大である場合は，発生すれば大規模な事象を招くため，なんらかの方策が必要となる，といった意思決定をすることが可能となる。そのリスク低減の概念を**図 5.2** に示す。この図では，確率的に評価されたリスクは，縦軸に P，横軸に C とした 2 次元の平面で表されるが，ある評価対象リスク（P, C）の評価過程での予測誤差が存在しているため，それらの扱いにより定量化されたリスクの定義が異なることになる。

このリスク低減の概念において，P を地震の発生確率，C を地震が発生した場合の経済損失とすると，地震の発生確率は，火災事故のような人為災害であれば発生確率を減らすことが可能だが，自然現象である地震は発生について人間がコントロールすることができないので，低減することはできない。した

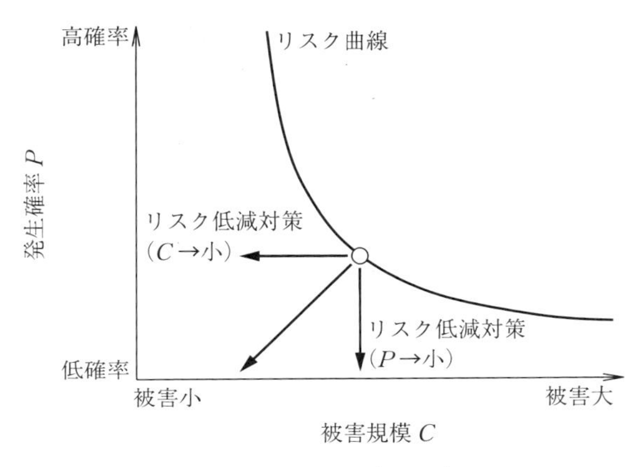

図 5.2 リスク低減の概念

がって，影響度の低減がリスク対策の主なアプローチとなるが，経済的な制約などから対策は容易ではないことが多い。そこで，リスク概念に基づく経済合理性を踏まえた対策要否の判断が必要とされる。

自然災害を確率と影響度の視点でとらえて，リスク管理に反映させる取組は，国や企業といった組織のリスクマネジメントでも一般化されつつある。

国家レベルの事例として，英国では民間緊急事態法（2004 年施行）に規定される有事のうち国家レベルでの対応が必要な災害について，相対的な生起頻度と影響度を可視化している [15]。これを示したものが**図 5.3** に示すリスクマトリックスである。この図は縦方向が相対的な影響スコア，横方向が 5 年間先における発生確率となっている。例えば，図のような 2015 年版のマトリックスでは，沿岸部の洪水（coastal flooding）が相対的な影響スコア「4」，この先 5 年間の発生可能性「1/20～1/200」となっている。

日本でも，ナショナルレジリエンスの強化（国土強靭化）の観点で，国家レベルの有事を，「頻度」と「影響度」の観点で**図 5.4** のように整理している [16]。国土強靭化計画は平成 25 年版防災白書 [17] では，「国土強靭化の推進」を謳っており，「東日本大震災の最大の教訓は，低頻度大規模災害への備えについて，狭い意味での『防災』の範囲を超えて国土政策・産業政策も含めた総

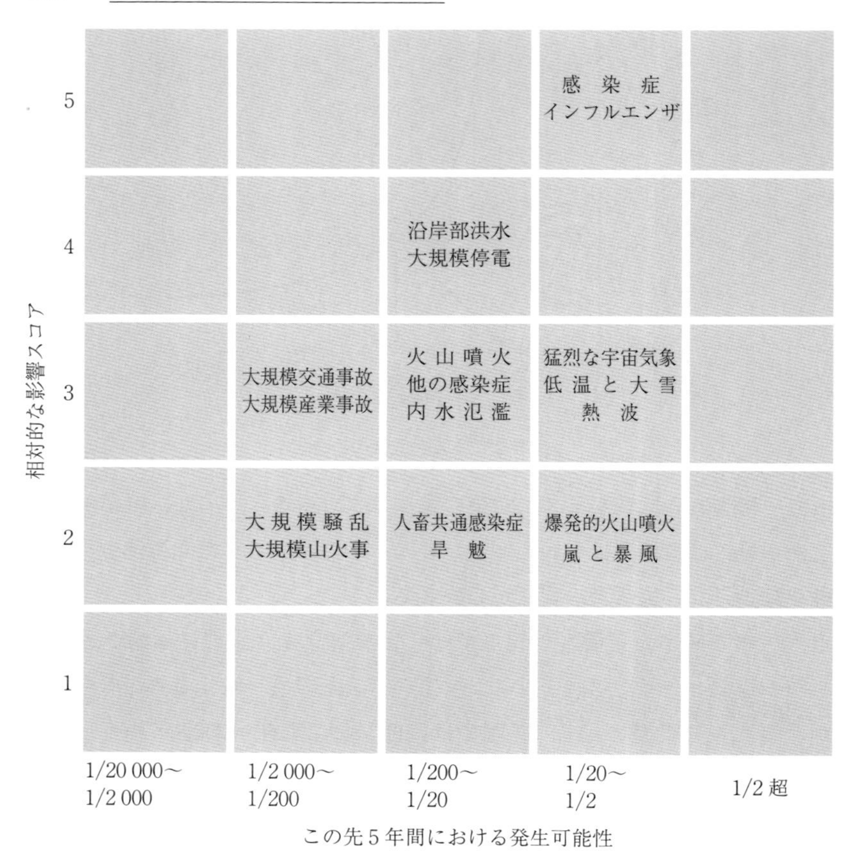

図 5.3　英国の国家的リスクについてのリスクマトリックス（2015 年版）[15)]

合的な対応を，いわば『国家百年の大計』の国づくりとして千年のときをも見据えながら行っていくことが必要である。」としている。また「レジリエンス（強靭性。強くてしなやかな）」の概念に触れ，国家のリスクマネジメントとして「リスクの特定」・「脆弱性の評価」・「計画策定/強靱化の取組」・「取組の評価」のサイクルを繰り返して，国全体の構造的な強靱化を推進していくことが基本であるとしている。このような背景に従い，図 5.4 に示したように「頻度」と「影響度」の視点で，「リスクを特定」し「脆弱性を評価」しようというものである。これは，従来の狭義の防災である，「他の災害との比較や確

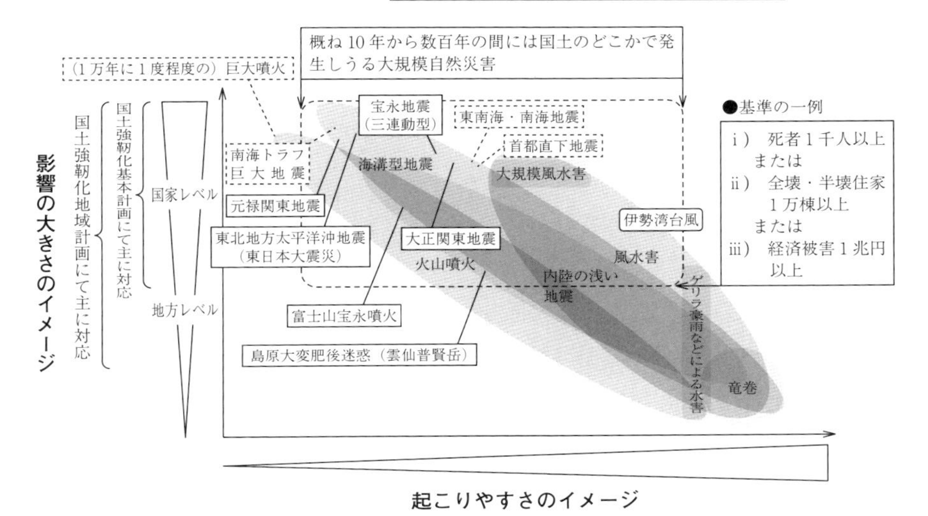

図5.4 リスク（確率 × 影響度）の概念を複数の災害で表示した事例（ナショナル・レジリエンス（防災・減災）懇談会　第2回の資料より改変転載）[16)]

率・蓋然性とは無関係に，想定されるシナリオに対する備えにだけ着目する」とは大きく異なるアプローチである。この図5.4は概念図であり具体的な定量数値が記載されているわけではないが，先の英国の事例と比べると，日本がいかに多様な自然災害にさらされ，自然災害に対する減災が重要であるかが理解できる。

このような事業体に影響を与える事象を「頻度（確率）」と「影響度」でとらえてリスクマネジメントに反映する考え方は，企業経営にも応用されつつある。企業経営においても，事業リスク・戦略リスクとダウンサイドのリスク（非定常リスク）を合わせて統合的に評価し，財務諸表などには陽には現れないリスクを明示的に扱い，健全性・安全性を見極めつつ企業価値を高めて株主の負託に応えていくという経営スタイルが浸透しつつある。いわゆるリスクベース経営（ERM）の考え方である。特に日本の企業においては，地震リスクに対するリスクマネジメントが非常に重要であり，ERMの推進において地震リスクの扱いは大きなテーマとなっている。

5.1.3 リスクマネジメント

確率を含めたリスクの概念および実情について述べたが，単純にリスクを「確率」と「影響度」で可視化するだけではリスクを管理したことにはならない。リスクに対して，それに対する対応（アクション）の意思決定をして継続的にリスクを極小化するのがリスクマネジメントである。

リスクマネジメントの概念が日本において注目され始めたのは，1995年の阪神大震災とされている。ただ，阪神大震災の後に意識されたものは，現在でいうところの危機管理や緊急時対応といったものである。その後，日本においては，2001年に，JIS規格（JIS Q 2001）としてリスクマネジメントシステム構築の指針が制定され，2009年には国際的なリスクマネジメント規格であるISO 31000：2009 "Risk management — Principles and guidelines（リスクマネジメント—原則及び指針）"[18] が発行された。ISO 31000は，非常事態時対応や事業継続管理の分野を対象外としているが，全組織，全リスクに適用可能な上位概念文書として，全リスクを運用管理するための汎用的プロセスとその効果的な運用のための枠組み，および組織としてのリスクマネジメントの運営に必要な要素と各要素の有機的な関係が示されている。ISO 31000は，上位概念としての枠組みの提示が目的であり，ISO 9000（品質マネジメントシステム）のような第三者認証を伴う規格ではない。しかし日本においては，全社的な視点でリスク管理をする体制構築は普及しており，2013年の調査によれば[19]，上場企業および従業員規模2 000人以上の企業のうちの約8割が，リスクマネジメントに関する全社的委員会を設置している。

ISO 31000で定義されるリスクとは，

諸目的に対する不確かさの影響：Effect of uncertainty on objectives

というものであり，必ずしも望ましくないリスクに限定されていない。これは，経営リスクや事業リスクのような分野にまでリスク概念を適用することを念頭においた，より汎用的な定義を目指した結果である。地震のような望ましくない災害については，従来のような「確率 × 影響度」とほぼ同義のリスクの定義になると考えてよい。

リスクマネジメントの定義は「リスクについて，組織を指揮統制するための調整された活動：coordinated activities to direct and control an organization with regard to risk」である。すなわち，伝統的な防災や安全衛生のような限定された活動ではなく，経営目的を達成するための経営活動の枠組みの中に位置づけられた組織活動が，リスクマネジメントである。

ISO 31000 で提案されている汎用的なリスクマネジメントプロセスは，**図 5.5** に示すようなものである。

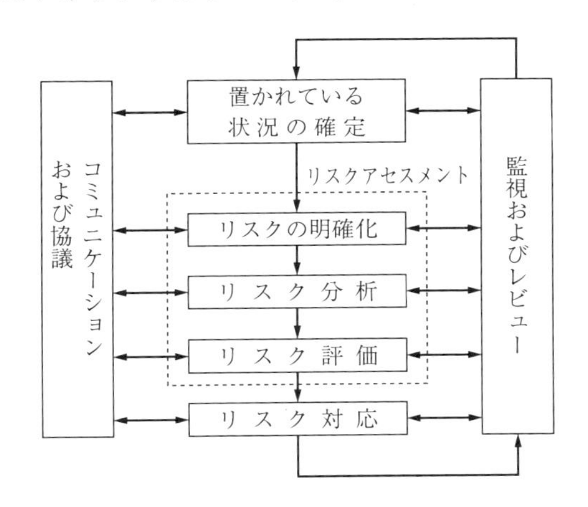

図 5.5 リスクマネジメントプロセス

このリスクマネジメントプロセスで，最初に実施するのが「置かれている状況の確定」である。これは解決すべき目標の設定を含む課題の定義であり，「解決すべき課題はなにか」，「業務の目的はなにか」，「目指すべき目標はどこにあるのか」，「適用範囲はどこまでか」，「課題を検討する場合の外部の条件（法律，規制の内容，外部の利害関係者の要求，社会，文化，経済など外部環境など）」，「組織内部の条件（組織構成，役割と責任，投入できる経営資源，採用や準拠すべき規格やルールなど）」などを確認し，認識するステップである。ここで重要なことは，地震リスクが最初からリスク管理の対象となるとはかぎらない点である。実際のリスクマネジメントにおいては，まずリスクマネジメントを実施する目的を最初に確認することが大切である。例えば，国家レベルのリスクマネジメントであれば，「国全体の構造的な強靱化を推進していくこと」が目指すべき目標となり，それを阻む課題として地震リスクが洗い出されてくる。

つぎのステップは，「リスクの明確化」，「リスク分析」，「リスク評価」の三つであり，「リスクアセスメント」としてまとめて区分される。

リスクの明確化は，頻度と影響度の観点から，目指すべき目標に対する阻害要因として無視できないリスクを特定するステップである。ここで日本の事業体が主体となるリスクマネジメントでは，多くの場合，地震リスクがリスク管理すべき対象として洗い出されることになる。

地震リスクといっても，人命に関するリスクなのか経済的な損失についてのリスクなのか，あるいは事象として津波まで含めるのか，原子力災害のような産業災害による二次影響も含めるのかというように，その影響度や発生確率が評価できなければ合理的に対応方針を判断することはできない。そこで「リスク分析」を行うことになる。地震リスクのリスク対応の合理的な意思決定においては，確率的なリスク分析が有効となる。地震リスク分析においては，地震発生についての確率情報が不可欠となる。現在は，地震調査研究推進本部[9),10)]が，地震の生起確率などが含まれた震源情報およびそれに基づく地点ハザード情報を整備・公開しており，それらのデータを基にリスク分析を行うことが可能となっている。

「リスク分析」の結果，そのリスクを許容できるか否かを判断するステップが「リスク評価」となる。「リスク分析」と「リスク評価」が同義に使われることもあるが，ISO 31000では明確に定義を分けている。すなわち，一定の科学的手法により分析することは「リスク分析」であって，その結果について価値判断を行うことが「リスク評価」である。

「リスクの明確化」，「リスク分析」，「リスク評価」の一連の「リスクアセスメント」を実施した後は，「リスク対応」を行う。

ISO 31000では，リスク対応の選択肢としてつぎの七つが示されている。

① リスクを生じさせる活動を開始または継続しないことと決定することによって，リスクを回避する。

② ある機会を追求するために，そのリスクをとるまたは増加させる。

③ リスクの源を除去する。

④ 起こりやすさを変える。

⑤ 結果を変える。

⑥ 一つまたはそれ以上の他者とそのリスクを共有する（契約およびリスクファイナンスを含む）。

⑦ 情報に基づいた意思決定によって，そのリスクを保有する。

ISO 31000 は汎用的な枠組みを示すものであり，このような七つの選択肢となるが，地震リスク対応においては，そもそも地震の発生自体を抑制することはできないため，物理的なリスク低減対策（リスクコントロール），および地震保険などの経済的なリスク軽減（リスクファイナンス）が選択しうる対応策となる。そのリスクの対応の枠組みを示したものが**図 5.6** になる。

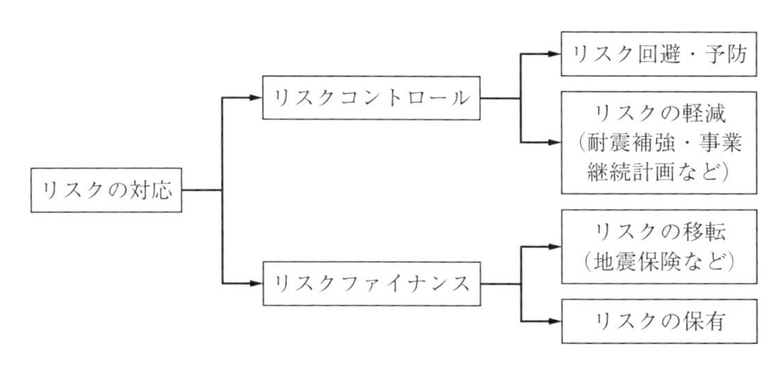

図 5.6 地震リスク対応の基本的な考え

5.2 地震リスクマネジメント

5.2.1 地震リスクの評価

地震による被害は多様であり，経済被害に限定しても，一般事業会社の例でも**表 5.1** のような被害が考えられる。これらの被害形態で比較的高い精度で定量分析が可能なものは，地震による物的な被害に基づく経済的な損害である。これは構造物の被害が，設計工学，耐震工学と，過去の地震被害の経験から，

表 5.1　地震に起因する事業会社の被害形態の例

区　分	内　　容	具　体　例
直接損害（ストック）	財物の毀損に伴う復旧費用	建物・建物付属設備の被害
		生産設備の被害
		什器備品の被害
	棚卸資産の毀損	製品・半製品・仕掛品の被害
間接損害（フロー）	自社要因に起因する事業中断・売上減	自社の財物損害に起因する事業中断・売上減
		自主的・予防的な事業中断・売上減
	第3者要因（物理要因）に起因する事業中断・売上減	インフラ混乱
		交通麻痺などによる従業員の移動制約・事業停滞
		物流機能麻痺による原材料・商品の流通停滞
		停電，断水など，ライフライン停止・停滞
		来客減少
		仕入先企業からの供給停止に起因する事業中断・売上減
		販売先・納入先企業の生産停止に伴う需要減少
	第3者要因（物理要因以外）に起因する事業中断・売上減	製品の需給バランス変動に伴う価格変動
		株価・資産価値の変動
		ブランドイメージなど，貨幣価値として測定困難なものへの影響
	臨時賠償金などその他臨時費用	利用者の人的被害
		周辺住民・地域への人的・物的被害

ある程度工学的に把握することが可能であるからである。リスク分析とリスク評価は厳密には異なる概念だが，地震リスク分析をした結果に基づき対処すべきか否かを判断するという一連の流れを，「地震リスク評価」として扱う。

まず，「地震リスク」の定義は，リスクの「諸目的に対する不確かさの影響」という概念的な定義をこれに当てはめると，「（リスクマネジメントの主体が）極小化したいと考える地震による損害の不確かさの影響」ということになる。したがって「地震による損害の不確かさの影響」が定量評価の対象となるのであり，期待値のような一つの数字だけが評価の目的になるのではないことに留意する必要がある。地震リスク分析においては，縦軸を「超過確率」，横軸を「地震による損失額」とした「リスク曲線」をリスク分析の結果とすることが多い。

ここで，一般に行われる地震リスクマネジメントは，多くの場合は一つの建物や資産のみを対象としているわけではなく，複数の施設群あるいは集積資産を対象とすることが多い。この資産の集合体を「ポートフォリオ」と呼ぶ。ポートフォリオは金融工学で用いられる言葉であるが，地震リスクの分野でも，資産の地域的な分散により地震リスクを減少させることが可能であり，金融工学のポートフォリオと類似の概念で用いることができる。リスク曲線を算出するステップを**図 5.7** に示す。

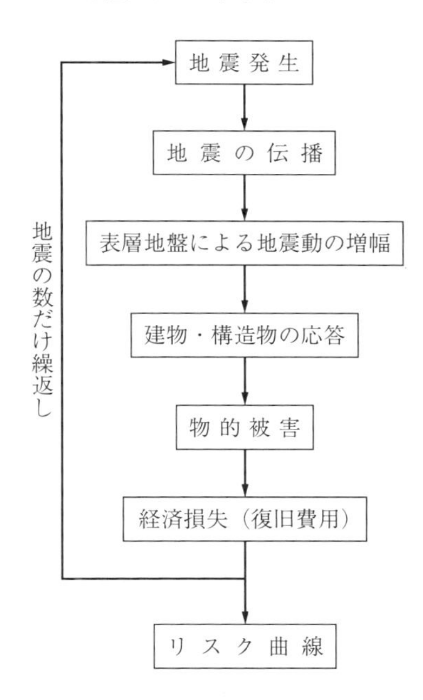

図 5.7 リスク曲線作成までの流れ

リスク曲線の算出方法は，以下のようになる。

〔1〕 **「地震発生」から「地震の伝播」** 日本周辺で発生する地震を発生メカニズムや発生場所に応じて海溝型，活断層，陸域の浅い地震，などのいくつかのタイプに分類する。また，古文書や地質調査などに基づく過去の地震発生についての知見を反映し，今後に発生が予想される地震について，地震規模（マグニチュード），発生場所（緯度・経度・深さ）とその発生頻度の関係をモ

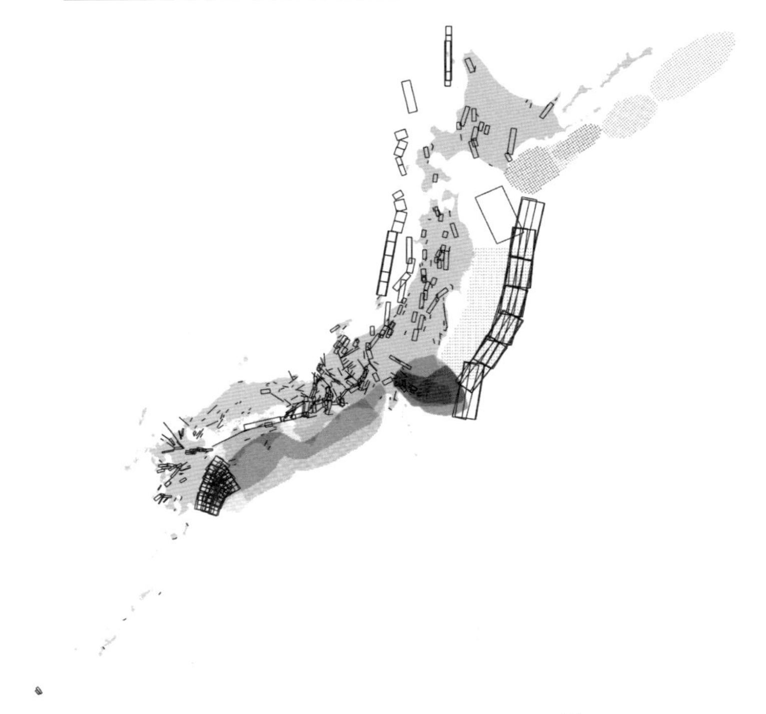

図 5.8　日本周辺のモデル化された震源[10)]

デル化する。これらのモデル化された地震を「仮想地震」と呼ぶ。**図 5.8** に日本周辺のモデル化された震源を示す。

モデル化された仮想地震に対して距離減衰式を適用することにより，評価対象地点の地震動強さを評価する。

〔2〕**「表層地盤による地震動の増幅」から「経済損失」**　距離減衰式により評価対象地点の工学的基盤の地震動強さを評価した後は，その評価対象地点の表層地盤と建物・構造物の応答を評価する。

地震の揺れが建物・構造物に及ぼす影響は，地震のタイプや表層地盤，建物・構造物の揺れ方の違いにより大きく異なる。例えば，兵庫県南部地震に代表される活断層による地震は，断層破壊時に一般的な建物構造物の 1 秒前後の固有周期に近い地震動パルス（キラーパルスと呼ばれる）を生成し，強い共振現象により建物を損壊に至らしめる，きわめて影響度の大きい地震である。一方，東北地方太平洋沖地震のような海溝型の地震は，広域に強い地震動の揺れが生じ，また継続時間の長い震動により大規模な液状化被害が発生，また地域によっては2秒以上のゆっくりとした周期で揺れる長周期地震動が発生し，超高層ビルや大型石油タンクなどへの影響が発生する。**図5.9**は，1995年の兵庫県南部地震と2011年の東北地方太平洋沖地震で観測された地震動の代表的な応答スペクトルを模式的に描いたものである。兵庫県南部地震では周期1～2秒のキラーパルスが卓越し，多くの建物が大破に至った。一方，東北地方太平洋沖地震では，周期1秒前後の地震動成分が少なく，地震規模の割に建物自体の被害が少なかったが，短周期の地震動による機械設備の被害や，長周期地震動による高層ビルの被害などが目立った。

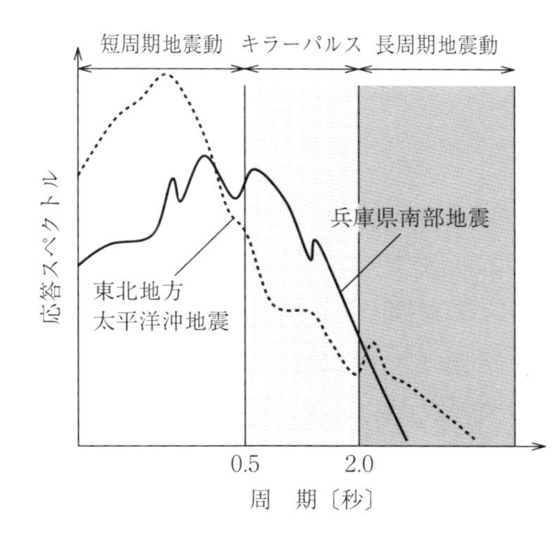

図5.9　地震による揺れ方の違い（概念図）

地震リスク評価においては，このような地震の揺れの違いが建物・構造物の被害に与える影響を考慮することが主流となっている。すなわち，応答予測においては，表層地盤による地震動の増幅，および建物の塑性化によるエネルギー吸収能力と固有周期の長周期化を考慮して，建物の応答を評価する。応答の指標としては，建物の損傷程度との相関が高い層間変形角が採用されることが多く，変形角の程度に応じて建物の被害状態が定義される。建物の層間変形と被害イメージを**図 5.10** に示す。建築物の応答予測において支配的なパラメータは，建設地点の地盤性状，設計基準（設計年），高さ（階数），構造形式（鉄筋コンクリート造，鉄骨造など）といったものである。また設備や什器（じゅうき）類などは，固定状況や設置階の影響が大きい。

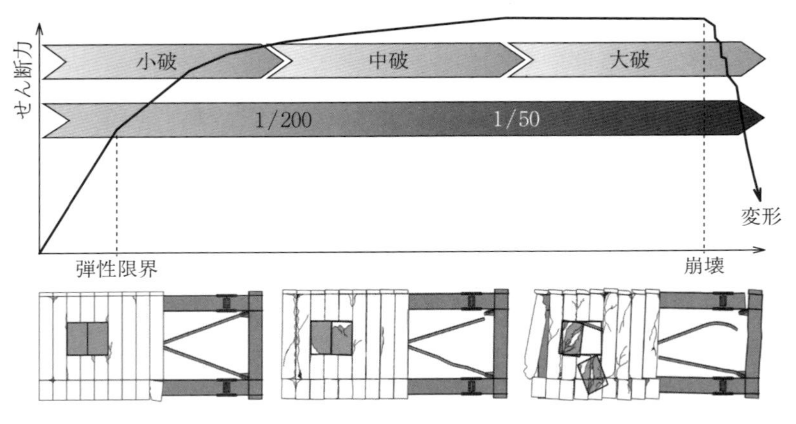

図 5.10　建物の被害イメージ（鉄骨造の例）

建物・構造物の応答（層間変形角）から，建物の被害状態（小破・中破・大破）が確率的に評価される。それは評価された応答値には予測誤差が存在し，図 5.10 で示される被害状態に対応する層間変形角の関係が一義的には定まらないためである。そして，それぞれの被害状態に対応した物的な復旧費用を考慮することで，地震動強さと建物の物的な経済損失の関係が算出可能となる。

〔3〕「**リスク曲線**」　損失関数と呼ばれる地震動の強さと建物の経済損失の関係が対象建物ごとに評価され，次いで仮想地震ごとに評価対象建物の損失関数を評価する。その損失関数には，地震動伝播や表層地盤および建物応答，復旧費用といった予測誤差（応答のばらつき，耐力のばらつき，復旧費用のばらつきなど）が存在するので，その不確実性を考慮した上で仮想地震に対する建物の損失額を評価する。

ここで，建物が複数の建物群，すなわちポートフォリオであっても同様に評価が可能である。それは，各建物の立地点において地震動強さと損失の平均値の関係が損失関数より求められるので，各仮想地震による各建物で予想される損失の期待値を総和することが可能になるのである。ただし損失関数の予測誤差（ばらつき）は，空間的な離散状況などを考慮して，予測誤差の相関性を考慮する必要がある。

この作業をすべての地震で繰り返すことにより，リスク曲線が算出される。**図 5.11** にリスク曲線の詳細な作成手順を示す。

なお，不動産流動化市場などで参照される地震リスクの指標である地震 PML の定義で代表的なものは，以下のようなものである[20),21)]。

> 対象施設あるいは施設群に対し最大級の損失をもたらす 50 年間の超過確率が 10% であるような地震（再現期間 475 年相当の地震）が発生し，その場合の 90% 非超過確率に相当する物的損失額の再調達価格に対する割合

この定義に基づく地震 PML の概念図を**図 5.12** に示す。この図で示された曲線は，図 5.11 で示したリスク曲線とは異なるもので，曲線の縦軸は，仮想地震の発生頻度を累積したものであり，この図をイベント曲線と呼ぶこともある。図 5.12 で示したリスク曲線の縦軸は，仮想地震の発生頻度だけでなく，地震による損失の不確実性の確率まで含めた形での超過確率を示している。図 5.11 で示すイベント曲線は，図 5.12 で示すリスク曲線に比べると，地震発生に関わる確率と，地震が発生した場合の損失に関わる確率が分けて表示されるため，確率情報が集約されずにわかりにくい面もあるが，各仮想地震の情報がイベント曲線上の点として表現されるという利点もあり，実際の地震リスク分析においてもイベント曲線に基づく PML が利用されている。

なお，年間超過確率 P と 50 年超過確率 $P50$ の関係は

$$P50 = 1 - (1 - P)^{50}$$

と表すことができる。例えば，ある損失を超える事象が再現期間 475 年であるとした場合，その事象の年間超過確率はほぼ 1/475 に等しいので，$P = 1/475$ をこの式に代入して $P50 = 0.1$ が得られる。すなわち，50 年の超過確率 10% と再現期間 475 年は同義であることがわかる。

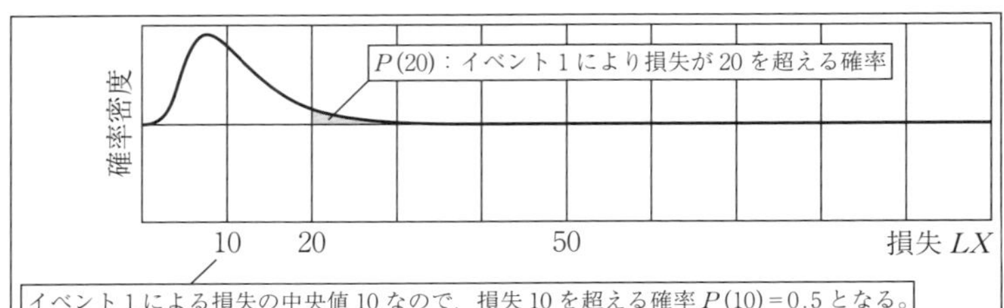

全地震イベントについて，損失の中央値 LX_j を算出し，損失予測誤差を考慮して，各損失 LX を超える確率 $P(●)$ を算出。イベントの発生確率 F_j を $P(●)$ に乗じて合計することで，損失 LX を超える年超過頻度 PY を求めることができる。

◆ イベントによる損失 LX_j の計算

イベント番号	F_j	LX_j
1	0.05	10
2	0.000 1	500
3	0.02	20
4	0.005	200
5	0.01	50

条件付確率の計算

◆ 各イベントの確率 $P(●)$ の計算

$P(10)$	$P(20)$	$P(50)$	$P(200)$	$P(500)$
0.500	0.083	0.001	0.000	0.000
1.000	1.000	1.000	0.967	0.500
0.917	0.500	0.033	0.000	0.000
1.000	1.000	0.997	0.500	0.033
0.999	0.967	0.500	0.003	0.000

発生確率を掛ける

◆ 各イベントの F_j と $P(●)$ を掛け合わせる

$F_j \times P$	$F_j \times P$	$F_j \times P$	$F_j \times P$	$F_j \times P$
0.025	0.004	0.000	0.000	0.000
0.000	0.000	0.000	0.000	0.000
0.018	0.010	0.001	0.000	0.000
0.005	0.005	0.005	0.003	0.000
0.010	0.010	0.005	0.000	0.000

発生確率を足す

◆ 各イベントの $F_j \times P$ を合計し PY を求める

PY	PY	PY	PY	PY
0.058	0.029	0.011	0.003	0.000

◆ LX と PY からリスク曲線を描く

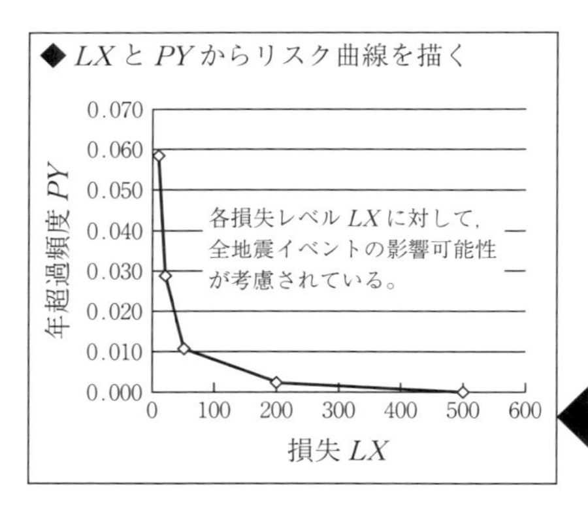

図 5.11　リスク曲線の作成手順（LX は地震イベント j が発注した場合の，ポートフォリオ損失（損害額）の中央値，F_j は地震イベント j の1年間の発生頻度，$P(●)$ は損失が●を越える確率）

地震 PML は，再現期間475年という低発生確率に相当するリスク値であり，地震の発生頻度（損失の発生頻度ではない）が数百年から長いもので数万年に及ぶことを考えると，決して長すぎるものではない。一方，PML 値自体は，ある再現期間（475年）に対応する“点”のリスク情報にすぎず，合理的な意

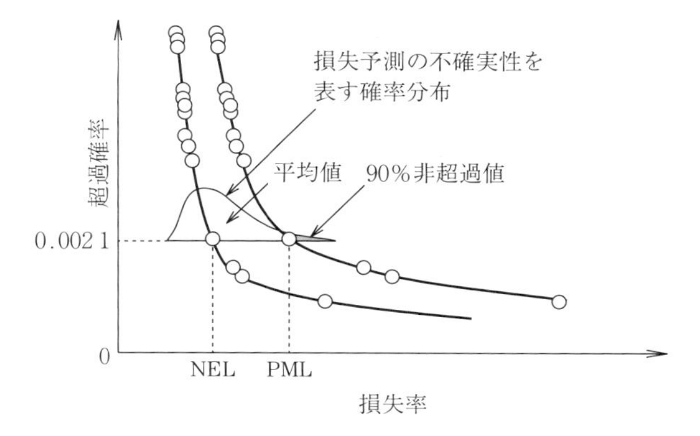

図 5.12　リスク曲線と地震 PML の概念図

思決定をするのに不十分である可能性がある。特に，保険引受における保険料の計算においては，その原価に相当する 1 年間当りに平均したリスク値が必要となる。その場合に参照されるのが年期待損失（annual expected loss）である。

年期待損失は，式 (5.1) で求められる。

$$AEL = \sum_{k=1}^{m} \nu_k \cdot \mu_{L,k} \tag{5.1}$$

ここで，ν_k は活動域 k の地震の年発生確率，$\mu_{L,k}$ は活動域 k の地震による損失 L の平均値である。

式 (5.1) は純保険料に相当するリスク値だが，実際の保険設計においては，免責金額や支払限度額が設定されることが通常である。保険で補填される損失区間を，免責金額 l_{DD} から免責金額 + 支払限度額（$l_{DD} + l_{LL}$）までとすると，当該区間の年支払期待値 GR は式 (5.2) で表される。

$$GR = \sum_{k=1}^{m} \nu_k \cdot \int_{l_{DD}}^{l_{DD}+l_{LL}} L \cdot f_k(L) dL \tag{5.2}$$

$f_k(L)$ は活動域 k の地震による損失 L の確率密度関数である。

活動域 k の地震を条件とする条件付きの支払期待値 $\int_{l_{DD}}^{l_{DD}+l_{LL}} L \cdot f_k(L) dL$ の概念図を**図 5.13** に示す。式 (5.2) は，条件付きの支払期待値を活動域 k の地震

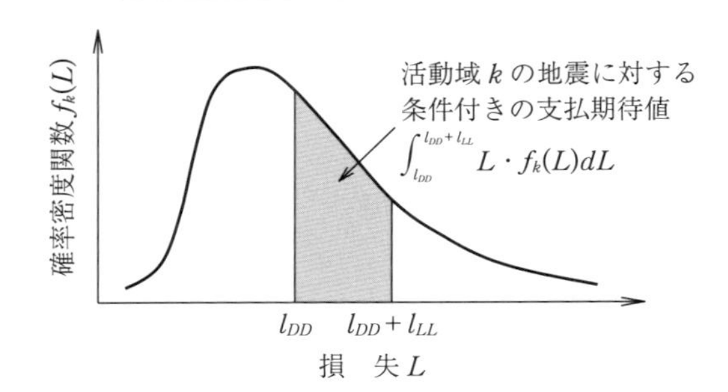

図 5.13　年支払期待値の概念図

の年発生確率で重みづけ平均したものである。

5.2.2　地震リスクの対応

地震リスクの処理方法は，リスクコントロールとリスクファイナンスに大きく分けて考えることができる。リスクは，「確率 $P\times$ 影響度 C」と表現できるが，地震の発生頻度・確率をリスク低減に考慮することは不可能なため，必然的にその影響度をいかに小さくするかがリスク処理の主眼となる。

〔1〕 **リスクコントロール**　　地震による影響は，直接的な物的損害にとどまらない。企業の例では，2007 年の新潟県中越沖地震では，被災した自動車部品メーカーの操業が中断し，最終的に自動車メーカー全 12 社の生産に影響を与えた。その際の減産台数は 10 万台を超え，災害による減産としては過去に例を見ない規模となった。また東日本大震災においてもサプライチェーンの寸断による事業への影響は深刻なものであった。したがって，地震リスクの低減においては，施設の耐震化だけでなく，非常時の優先リソース配分や取引先との互助体制の構築などのいわゆるレジリエンシー（resiliency，弾力性のある回復力）を強化することも重要であることが，より強く認識されるようになっている。

レジリエンシー強化の前提は，重要拠点が耐震化されている必要があることである。重要拠点とは，本社，データセンターのような大規模地震においても事業継続性が重要となる中枢拠点，公共性の強い交通インフラや生活必需品の製造拠点や物流拠点，病院のような社会的重要性をもつ施設，などである。これらの施設は，目標耐震性能を，建築基準法などで規定される最低限の耐震性よりも高く設定することが望まれる。日本建築学会による耐震メニュー[22]の概念図に耐震等級別の耐震性能を追記したものを**図5.14**に示す。この図は，横軸が想定する地震動レベル，縦軸が想定地震に対する許容被害ランクである。地域によって想定地震動レベルは異なるが，免震構造物や超高層建築物は，建築基準法で規定される最低限の耐震性能よりも優れた耐震性能を有しているといえる。

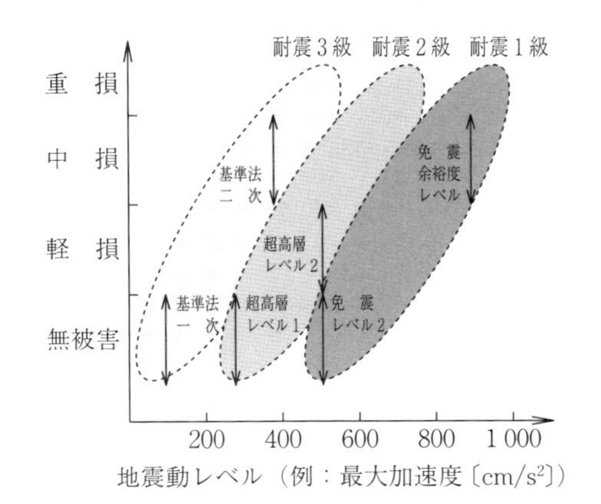

図5.14 建築物の耐震等級と地震動レベルの関係[22]

また，施設重要度などに応じた必要耐震性能を表示した性能マトリックスは，カリフォルニア構造技術者協会が1994年に提示したVISION2000[23]が有名である。**図5.15**は，この性能マトリックスを示したものである。ここでは，

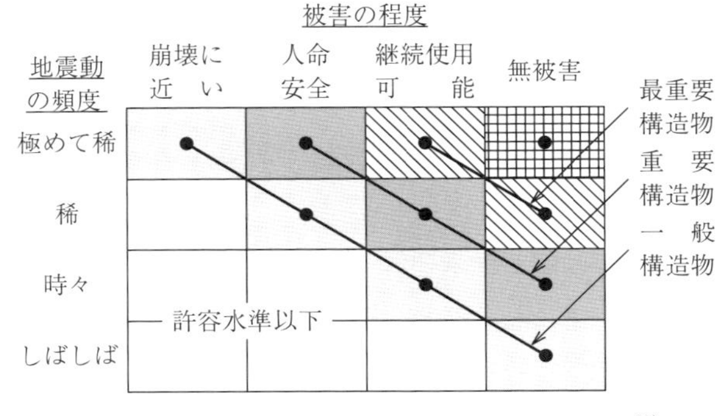

図5.15 米国のVISION2000の性能マトリックス[23]

地震動レベルが確率論的に既定されている。それによれば，例えば，「きわめて稀」は再現期間で約 1 000 年，「稀」は再現期間で約 500 年に相当する。米国は西海岸の地震危険度がきわめて高いが，地震危険度が高い地域は限られるため，目標地震動レベルを確率論的に規定することは合理的である。

日本においても，病院やデータセンターのような，大地震時の機能途絶を極小化すべき重要施設を中心に免震構造が採用されることが増えており，今後も施設の重要性に応じたリスク低減策は普及していくものと考えらえる。

〔2〕 **リスクファイナンス**　リスクファイナンスは，厳密な定義があるわけではないが財務的な対応を総称して用いられることが多い。代表的なものは保険であるが，代替的リスク移転（alternative risk transfer，ART）と呼ばれる保険以外のリスクファイナンス手法も増えつつある[24)]。企業などで，一般的に発生確率が低い自然災害リスクを自己保有するのは，資本効率性の点で不利とされる[25)]。しかし，損害保険会社の引受能力の制約から潜在的地震リスクをすべて保険に移転できるケースは少ないため，なるべくリスクコントロールによりリスクを低減し，それでも残存するリスクについては，保険や保険以外のリスク移転策（ART）などのリスクファイナンスを組み合せるといった，合理的な地震リスク対応策が必要になる。

ART と従来の保険との違いは，以下の三点である[24)]。

① 填補責任の決め方が従来の保険と異なる。

〔例〕 気象庁の観測平均気温の変動を指数化して，保険の填補責任を発動させる。

② 保険金支払い基準が従来の保険と異なる。

〔例〕 気温の変動指数に一定の金額を掛け，保険金算定のベースとする。

③ 保険リスクの移転先が従来の保険と異なる。

〔例〕 地震債を購入した機関投資家が地震リスクを負担する。

また，ART の代表例である異常災害債券（CATBOND と呼ばれる）のメリット・デメリットを**表 5.2** に示す[26)]。

表 5.2 異常災害債券のメリット・デメリット[26]

メ リ ッ ト	デメリット
・潤沢な資本市場の資金量の活用が可能 ・長期契約が可能 ・リスクの引受先の信用リスクが回避できる ・トリガーをインデックスにすることにより，仕組みがわかりやすくなり，資金回収までの時間短縮が可能 ・保険では補償できないリスクも補償可能 ・債券の活用により収益・キャッシュフローの安定化が可能	・客観的なリスク分析の実施が必要（コスト増大要因） ・発行債券は格付取得が原則（コスト増大要因） ・発行に伴う初期費用がかかる（弁護士・会計士・SPV 設立費用など） ・発行までに一定期間を要する ・ベーシスリスクが存在する

このように異常災害債券は多くのメリットがあるとされるが，発行のために証券化全体のスキーム構築に多額の費用と作業を要することが欠点として挙げられる[24),27)]。また，監督法上の問題や会計・税務上の問題もあり，自由に設計ができるわけではない。特に異常災害債券やデリバティブは，填補責任が実損填補から乖離する可能性（ベーシスリスク）の存在が問題となる[28)]。すなわち，取引きの結果として不当利得が生ずる可能性が問題となるため，その水準が公序良俗に反しないことは，商品設計上の前提となる。

以下に，異常災害債券の仮想の商品設計例を示す。

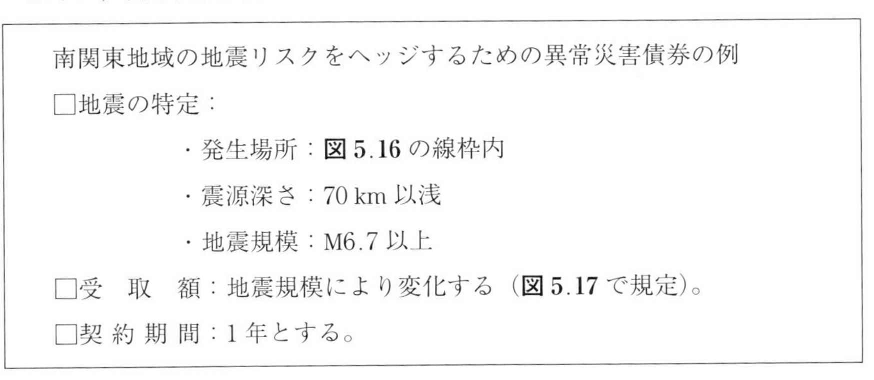
南関東地域の地震リスクをヘッジするための異常災害債券の例

□地震の特定：

・発生場所：**図 5.16** の線枠内

・震源深さ：70 km 以浅

・地震規模：M6.7 以上

□受　取　額：地震規模により変化する（**図 5.17** で規定）。

□契 約 期 間：1 年とする。

以上の仮想事例において，地震リスクをヘッジしたい債券発行者は，図 5.16 の地震発生位置条件に合致する地震の発生により，図 5.17 に示すマグニチュード別の受取り額（最大 100 億円）を受け取ることができる。金融取引き

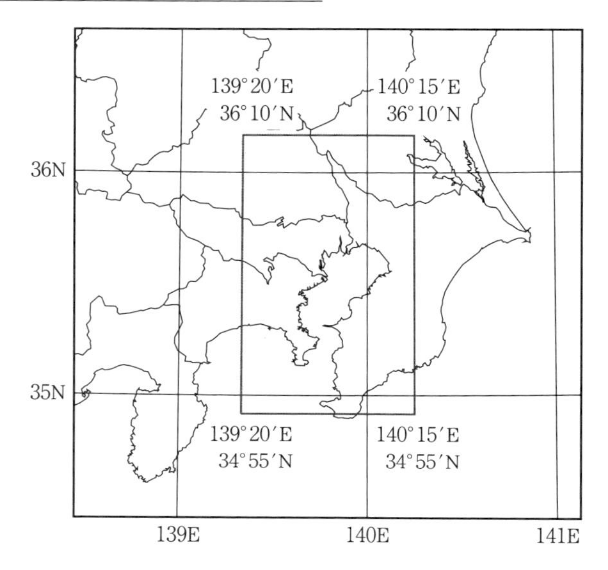

図 5.16　地震発生位置の特定

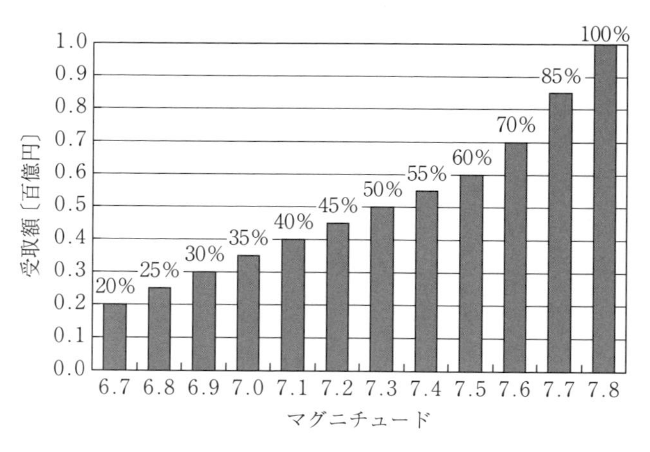

図 5.17　地震規模と受取額の関係

と債券発行は，**図 5.18** のように特別目的会社を介したスキームにより可能となる。

このリスク移転の仕組みにおいて，地震リスクをもっている資産所有者（originator）が，実際に地震が発生した場合にどのような損害を被るかは一切

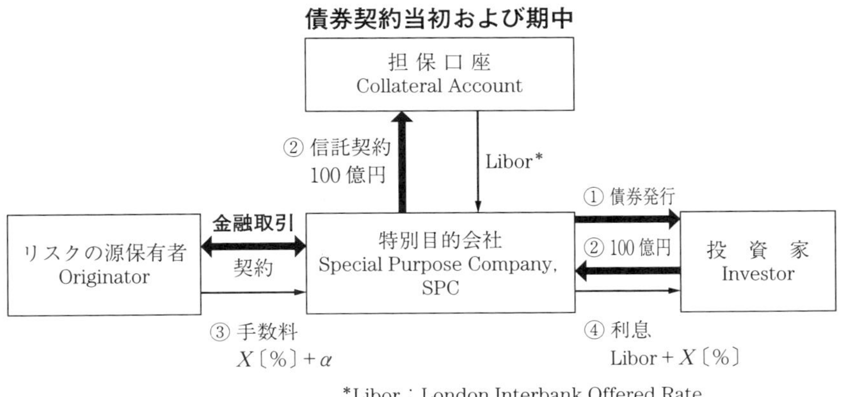

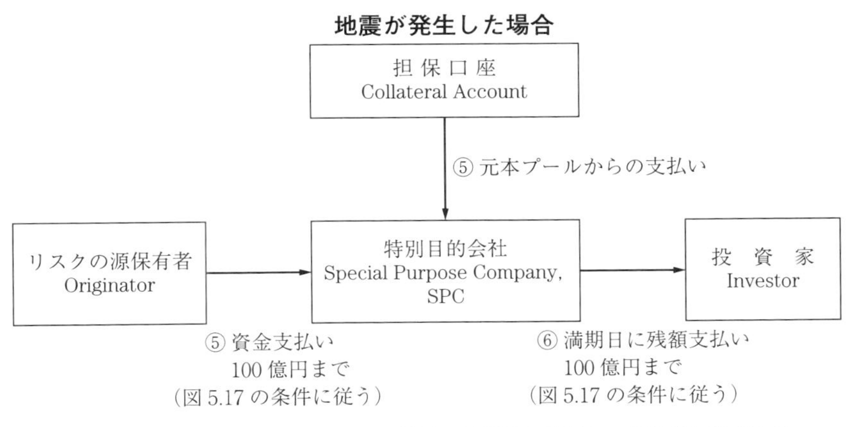

① SPC は Originator との契約に基づき 100 億円の地震債を発行し，投資家に販売する。
② SPC は投資家から払い込まれた資金をそのまま信託勘定に移転し，そこで運用を行う。
③ Originator は手数料として年 X〔%〕$+\alpha$ を支払う。
④ 投資家は債券の運用益として年 Libor $+X$〔%〕の受取利息をもらう。
⑤ 地震が発生した場合，信託勘定の資金プールより条件に応じた金額を Originator に支払う。
⑥ 投資家は満期日に最終的に残った元本と運用益を受け取ることができる。

図 5.18　元本リスク型債券の取引概要 [25)]

影響しない。これは，保険と異なり，あらかじめ約定された条件に従い支払いが行われるためである。しかし，支払われる補填額が実際の補填額から乖離する可能性（ベーシスリスク）の存在が問題となる。これは，商品設計例で示した記載された条件に合致する地震が発生したにもかかわらずまったく損害を被らない場合は，地震が発生した場合の填補額は不当利得，すなわち賭博行為とみなされる可能性が高く，そのような金融商品の設計は非現実となるためである。一方，支払い条件以上の実損害が予想される場合，債券発行主体は，その超過分のリスク対応を別途検討する必要が出てくる。このように，異常災害債券では法的に問題のない（不当利得に当たらない）前提で，投資家に魅力ある商品性をもたせながら，債券発行者が十分に想定リスクを回避できるような商品設計が求められる。

以上のように課題は存在するものの，異常災害債券は，一般の株式や債券価格変動との相関が薄く，金融資産ポートフォリオのリスク分散という観点から投資家に対して魅力ある商品とされている。日本の地震リスクの移転策として，地震保険だけでなくARTなどの利用についての理解促進や制度の改善が進み，それが実際に普及していくことで，日本全体の地震リスクの分散が促進されることにつながる。

引用・参考文献

1）酒井信介 監訳：技術分野におけるリスクアセスメント，森北出版
2）原子力災害対策本部：国際原子力機関に対する日本国政府の追加報告書　東京電力福島原子力発電所の事故について（平成23年6月）
3）東京大学大学院工学系研究科 編：震災後の工学は何をめざすのか http://www.t.u-tokyo.ac.jp/epage/topics/pdf/vision.pdf
4）B. Fischhoff and J. Kadvany：リスク—不確実性の中での意思決定，SCIENCE PALETTE，丸善出版（平成27年）
5）F. Knight：リスク—不確実性および利潤，文雅堂銀行研究社，昭和34年
6）酒井泰弘：フランクナイトの経済思想—リスクと不確実性の概念を中心として—，CRR Discussion paper series，Discussion paper No.J-19，滋賀大学経済学部付属リスク研究センター（平成24年）
7）日本建築学会 編：事例に学ぶ建築リスク入門，技報堂出版（平成19年）
8）H. W. ルイス：科学技術のリスク，昭和堂（平成9年）

9）地震調査研究推進本部：全国地震動予測地図（平成 27 年）
http://j-jis.com/data/yosokumap/
10）防災科学技術研究所：地震ハザードステーション　J-SHIS
http://www.j-shis.bosai.go.jp/
11）フォン・ノイマン，オスカー・モルゲンシュテルン：ゲーム理論の経済行動，筑摩書房（平成 21 年）
12）D. Kahneman and A. Tversky：Prospect Theory — An Analysis of Decision under Risk，Econometrica，47(2)（昭和 51 年）
13）多々納裕一：不確実性下のプロジェクト評価：課題と展望，土木計画学研究・論文集，No.15（平成 10 年）
14）土田昭司：リスク認知・判断についての社会心理学的一考察—消費行動への適用も視野に入れて—，関西大学経済・政治研究所第 183 回公開講座（平成 20 年）
15）U. K. Cabinet Office：National Risk Register of Civil Emergencies（平成 27 年）
16）内閣官房：ナショナルレジリエンス懇談会
http://www.cas.go.jp/jp/seisaku/resilience/dai15/siryo4.pdf
17）内閣府：防災白書（平成 25 年）
http://www.bousai.go.jp/kaigirep/hakusho/h25/honbun/1b_3s_04_00.htm
18）経済産業省，日本規格協会：ISO とリスクマネジメント（平成 21 年）
19）東京海上日動リスクコンサルティング：リスクマネジメントに関する国際標準規格 ISO 31000 の活用（平成 22 年）
http://www.tokiorisk.co.jp/risk_info/up_file/201004301.pdf
20）日本建築学会：建築物の安全性評価ガイドライン小委員会報告書（平成 22 年）
21）建築・設備維持保全推進協会：不動産投資・取引におけるエンジニアリング・レポート作成に係るガイドライン（平成 19 年）
22）日本建築学会危険度・耐震安全性評価小委員会：耐震メニュー 2004 報告書（平成 16 年）
https://www.aij.or.jp/jpn/pdf/2006hanshin/s3-20.pdf
23）SEAOC：“Vision 2000-A Framework for Performance Based Earthquake Engineering”（平成 7 年）
24）日吉信弘：代替的リスク移転（ART），保険毎日新聞社（平成 12 年）
25）土方　薫：総解説保険デリバティブ，日本経済新聞社（平成 13 年）
26）国土交通省国土交通政策研究所：社会資本運営における金融手法を用いた自然災害リスク平準化に関する研究，国土交通省，国土交通政策研究第 62 号

（平成 18 年）
http://www.mlit.go.jp/pri/houkoku/gaiyou/pdf/kkk62.pdf

27） 経済産業省：リスクファイナンス研究会報告書（平成 18 年 3 月）
http://www.meti.go.jp/report/downloadfiles/g60630a01j.pdf

28） 矢代晴実，佐藤一郎，福島誠一郎，上田三夫：地震リスクデリバティブにおけるベーシスリスクに関する研究（その 1）ベーシスリスクの考え方，日本建築学会学術講演梗概集，F-1，都市計画，建築経済・住宅問題（平成 16 年 7 月）

あ　と　が　き

本書において，地震被害想定の目的，被害想定の概要，想定地震の考え方，建物被害予測や地震火災などによる物的被害と人的被害および社会的被害の被害概要と想定手法，被害想定予測を基にした時間経過ごとの地震被害様相，そして地震リスクマネジメントに関して述べた。

被害想定手法の詳細を理解することにより，被害想定予測の数値をうのみにせずに，被害想定の前提や条件を知り，予測された数値の精度や意味することの本質を理解し，被害手法から被害項目の被害発生メカニズムを理解してもらいたいと考えた。また，地震発生からの被害様相を知ることから防災・減災対策および緊急対応策を考える基礎情報を得られること，そして防災・減災対策への優先順位や費用対効果を考えるために地震リスクマネジメント手法が有効なこと，を知ってもらいたいと考えた。

しかし，本書で述べた被害想定手法や地震リスクマネジメント手法で実施された予測数値と実際の被害は，相当の幅をもって変動する可能性がある。結果の変動要因としては，以下の点が挙げられる。

(1)　実際に発生する地震が想定どおりになるとはかぎらない。

(2)　地震により地震動強さ，津波高・到達時間にばらつきが大きい。

(3)　過去の大規模な地震被害例が限られることから，被害の定量化のために作成した推定式が少数のデータに依拠したものにならざるを得ない。また，ばらつきのあるデータは平均化して取り扱っているので，個別の構造物の特性まで十分には反映できていない。

(4)　地震動や津波などのハザードの情報から被害予測をする定量的評価と，地震火災，人的被害や社会的被害のような2次的，3次的被害の予測には，まだ多くの課題が残されている。

(5)　さまざまな仮定をおいて予測したものである。

(6)　被害の中には現状の技術では定量評価ができなかった項目がある。

(7)　過去の地震では発現されなかった被害で，現在の社会では発生確率は小さくてもそれが起これば甚大な被害を及ぼすような事象が，発生する可能性もある。

(8)　被害予測は，ある一定の条件の下で想定するもので，季節，気象，時間によっては被害量が大きく変動する。また，最新の知見や技術によっても誤差が含まれる。

(9)　現状での被害予測結果は，地震防災・減災対策の進捗により変化する。現在の社会状況の下での被害想定がなされるため，地震防災・減災対策の進捗や社会状況の変化に伴い，被害の種類や量が変化していくことを理解しておく。

これらの問題点については，今後の研究課題として取り組みながら，より精度の高い手法を開発する必要があると考えている。

今後，日本では首都直下地震や南海トラフ巨大地震などの発生する切迫度が高まっているなかで，被害想定や地震リスク評価によりリスクの定量化・定性化を行い，社会状況の変化や安全技術の向上なども踏まえ，効率的なハード・ソフト両面の防災・減災対策を進める必要がある。

本書が少しでも防災・減災対策向上のお役に立てれば幸いである。

索　　　　引

【せ】

【そ】

【た】

【ち】

【つ】

【て】

【と】

【な】

【に】

【ね】

【は】

【ひ】

【ふ】

【へ】

【ほ】

【め】

【も】

【よ】

【ら】

【り】

── 編著者・著者略歴 ──

矢代　晴実（やしろ　はるみ）
防衛大学校教授，工学博士
早稲田大学大学院理工学研究科博士課程修了（建設工学専攻）
早稲田大学助手，東京海上日動火災保険会社，アジア防災センター，
東京海上日動リスクコンサルティング株式会社を経て，現職
専門：地域・都市防災学，リスクマネジメント，危機管理
著書：『都市の地震防災』フォーラムエイトパブリッシング（2013 年）
　　　『大規模災害概論』コロナ社（2014 年）

佐藤　一郎（さとう　いちろう）
東京海上日動リスクコンサルティング株式会社，企業財産本部長，
博士（工学），一級建築士
東京大学大学院工学系研究科博士課程修了（建築学専攻）
清水建設株式会社勤務を経て，現職
専門：信頼性工学，災害リスク，リスクマネジメント

鳥澤　一晃（とりさわ　かずあき）
鹿島建設株式会社技術研究所，主任研究員，博士（工学），一級建築士
横浜国立大学大学院環境情報学府博士課程単位取得満期退学（環境リスクマネジメント専攻）
専門：地震リスク評価，リスクマネジメント，空間情報科学（GIS）

震災工学 ― 被害想定・リスクマネジメントからみた地震災害 ―
Engineering of Earthquake Disaster
― From the Aspect of Damage Estimates and Risk Management ―

2016 年 6 月 23 日　初版第 1 刷発行　★

検印省略

編著者	矢　代　晴　実
著　者	佐　藤　一　郎
	鳥　澤　一　晃
発行者	株式会社　コロナ社
	代表者　牛来真也
印刷所	萩原印刷株式会社

112-0011　東京都文京区千石 4-46-10
発行所　株式会社　**コロナ社**
CORONA PUBLISHING CO., LTD.
Tokyo Japan
振替 00140-8-14844・電話(03)3941-3131(代)
ホームページ　http://www.coronasha.co.jp

ISBN 978-4-339-05250-3　（金）　（製本：愛千製本所）
Printed in Japan